谷子
耐盐品种的筛选、鉴定及关键耐盐基因的挖掘

刘炜 等◎著

中国农业科学技术出版社

图书在版编目（CIP）数据

谷子耐盐品种的筛选、鉴定及关键耐盐基因的挖掘 / 刘炜等著. -- 北京：中国农业科学技术出版社，2025.4.
ISBN 978-7-5116-7388-6

Ⅰ. S515.37

中国国家版本馆CIP数据核字第2025002DB2号

责任编辑	周丽丽
责任校对	李向荣
责任印制	姜义伟　王思文

出 版 者	中国农业科学技术出版社
	北京市中关村南大街12号　　邮编：100081
电　　话	（010）82106638（编辑室）　　（010）82106624（发行部）
	（010）82109709（读者服务部）
网　　址	https://castp.caas.cn
经 销 者	各地新华书店
印 刷 者	北京建宏印刷有限公司
开　　本	170 mm×240 mm　1/16
印　　张	6.25
字　　数	100千字
版　　次	2025年4月第1版　2025年4月第1次印刷
定　　价	60.00元

◀━━━ 版权所有·侵权必究 ━━━▶

《谷子耐盐品种的筛选、鉴定及关键耐盐基因的挖掘》
著者名单

主　　著：刘　炜

参著人员：戴绍军　李　臻　李金玲

　　　　　　刘　敏　沈　傲

前　言

　　本书以谷子耐盐种质资源筛选及关键功能基因挖掘为主题，该领域在近年来受到广泛关注。随着全球气候变化和土壤盐碱化问题的日益严重，提高谷子的耐盐性对于保障我国粮食安全和推动农业可持续发展具有重大意义。谷子作为一种重要的粮食作物，具有耐旱、耐瘠薄等优良特性，但其耐盐性仍需进一步提升以适应盐碱地种植。随着我国盐碱地面积的不断扩大，如何有效利用这些盐碱地种植谷子，提高谷子的耐盐性，已成为亟待解决的科学问题。

　　本书的主要目标是筛选出具有优良耐盐性的谷子种质资源，并挖掘其关键耐盐功能基因，通过种质资源筛选、基因组学分析、分子生物学实验等研究方法，系统地探讨谷子耐盐的遗传基础和分子机制，以期为谷子耐盐品种的培育和盐碱地开发利用提供科学依据和实践指导。全书共分为5章，各章内容依次为：第一章介绍谷子耐盐研究的背景、现状及研究意义；第二章阐述谷子耐盐种质资源的筛选方法与结果；第三章详细描述关键耐盐功能基因的挖掘与鉴定；第四章探讨耐盐基因的功能验证与应用前景；第五章总结研究成果并展望未来研究方向。

　　本书的出版，是奋战、耕耘在该领域的众多前辈、同行及年轻学者支持与帮助汇聚而成的成果。在此，我怀着无比感激的心情，向每一位参与者致以最诚挚的感谢！感恩父母，严而有爱，慈而有慧！感谢家人，同甘共苦，携手相助！感谢师友亲朋，情谊深厚，关怀备至！特别感谢中国农业科学院作物科学研究所刁现民研究员、智慧研究员及其团队成员。在我涉足该研究领域之初，刁老师就倾囊相授，慷慨提供珍贵的谷子种质资源，对我们的工作鼎力相助；智老师在繁种及杂交方面，亲授技巧，悉心指点。感谢山东省农业科学院作物研究所管延安研究员，每当我们田间繁种育苗时遇到问题都会给予耐心解答。感谢山东省农业科学院各位同行在本工作中给予的指导和协助。

感谢国家基金委对本研究给予的国家自然科学基金面上项目的资助（32171955）。

感谢中国农业科学技术出版社的编辑团队专业、高效的工作。

最后，我要感谢每一位读者。这本书的出版，不仅记录了我们的研究成果，更是为了与大家分享我们在谷子耐盐研究领域的探索和发现。希望这本书能够为谷子耐盐研究提供有价值的参考，为我国农业的可持续发展贡献一份力量。如果本书中存在任何不足之处，也恳请各位读者批评指正。

著　者

2025年3月

摘 要

土壤盐碱化是制约作物生长和产量的主要环境因素之一。我国拥有大面积的盐碱土地，但其土壤贫瘠，不利于作物的生长发育，导致农耕土地减少，严重限制了农业规模化的发展。然而，大多数作物是对盐分敏感的甜土植物，不适宜在盐碱地种植和推广。作为我国主要栽培作物之一的谷子，因适应能力强、水利用率高、具有良好的抗旱耐逆性，在水资源短缺、土壤盐渍化严重的状况下具有不可或缺的作用。

筛选和种植耐盐作物品种是减少土壤盐碱化危害的有效途径之一。目前，关于来源不同地区的谷子种质的耐盐关键指标筛选和耐盐性评价鲜有报道，严重制约了谷子在盐碱地的推广应用。

本研究通过对前期收集到的942份谷子品种进行田间农艺性状、在正常及盐处理下的生长发育表型、组织化学染色及部分关键生理生化指标进行测定及分析，从而做出不同品种的耐盐性评价。同时，以耐盐品种及盐敏感品种为材料，结合转录组学测序分析，对耐盐关键功能基因进行筛选，并通过反向遗传学的方法，借助转基因材料对候选耐盐基因 *SiRLK35* 功能进行鉴定。主要研究结果如下。

1. 首先以收集到的942份谷子核心种质资源为材料，进行田间农艺表型性状分析和初步耐盐性筛选。水培条件下苗期进行盐胁迫处理，盐胁迫处理组与对照组表型无明显差异的品种为耐盐性较好品种；而盐处理后叶片变黄、萎蔫严重的品种则初步鉴定为盐敏感品种，初步筛选获得耐盐和盐敏感谷子种质92份。对经初筛获得的不同耐盐性谷子品种进行过氧化染色等组织化学分析、丙二醛含量、电导率、POD活性、GST活性等生理指标测定，初步获得包含秋毛羽等在内的较耐盐种质10份；包含白谷等品种在内的盐敏感种质材料11份。

2. 通过RNA-Seq获得转录组数据，使用生物信息学的方法，比较部分耐盐品种和盐敏感品种在基因表达上的差异，共鉴定到29 291个差异表达基因（DEGs），其中有基因功能注释的28 547个，未注释的744个。在有注释的差异基因中，包含耐盐品种特异的盐胁迫响应基因1 067个，盐敏感品种特异的盐胁迫响应基因1 768个。GO和KEGG富集分析结果表明，250 mmol/L NaCl处理下参与有机酸代谢、酮酸代谢、羧酸代谢、小分子代谢、氧化还原过程以及信号转导等相关的DEG在谷子苗期盐胁迫应答过程中具有关键性的作用，对不同耐盐特性的品种中DEG分析显示，耐盐与敏感的表达差异基因主要富集在代谢过程及次生代谢物的合成等代谢途径中。

3. 利用CRISPR/Cas9基因编辑技术和谷子遗传转化体系，根据谷子 *SiRLK35* 基因序列设计2个敲除靶点，并对靶点进行敲除。构建pC1300-UBI：Cas9-*SiRLK35*的基因敲除载体、pCAMBIA1301P-*SiRLK35*的*SiRLK35*基因过表达载体，经遗传转化获得*SiRLK35*过表达和敲除突变体的谷子材料。通过对盐胁迫下野生型对照和转基因材料的表型及相关生理指标的检测和验证，发现盐胁迫下对照和*SiRLK35*的转基因谷子幼苗生长均受到抑制，但*SiRLK35*过表达植株生长受抑制程度均低于野生型对照，敲除突变体株系的受抑制程度明显高于野生型对照；同时，SOD和POD活性检测均显示过表达株系在盐害下对活性氧的清除能力较强，说明谷子*SiRLK35*基因过表达株系在萌芽期和成苗期的耐盐性明显提高，而谷子*SiRLK35*基因敲除株系耐盐性则明显下降，基因 *SiRLK35* 参与谷子的耐盐响应过程。

本研究结果为盐碱地的开发利用提供了优良谷子种质资源，为培育耐盐谷子品种提供了候选基因资源。通过解析谷子*SiRLK35*调控耐盐响应的分子机制，为实现作物分子设计育种奠定了基础，也为解析谷子耐盐机制、培育综合性状优良的谷子耐盐新品种奠定了基础。

关键词：谷子［*Setaria italica*（L.）P. Beauv.］；盐胁迫；耐盐品种筛选；转录组测序；*SiRLK35*功能分析

目　录

第1章　绪　论 ·· 1

 1.1　土壤盐碱化概况 ·· 1

 1.2　植物盐胁迫响应机制 ·· 1

 1.3　转录组学研究进展 ·· 5

 1.4　植物类受体蛋白激酶RLK ·· 6

 1.5　CRISPR/Cas9技术及应用 ·· 7

 1.6　目的、意义与研究内容 ·· 7

第2章　谷子耐盐种质筛选 ·· 10

 2.1　供试材料 ··· 10

 2.2　试验方法 ··· 12

 2.3　试验结果与分析 ··· 16

 2.4　讨论 ··· 34

第3章　谷子不同品种的转录组学分析 ··· 37

 3.1　试验材料 ··· 37

 3.2　试验方法 ··· 38

 3.3　试验结果 ··· 39

 3.4　讨论 ··· 58

第4章　候选耐盐基因*SiRLK35*的功能鉴定 ·· 60

 4.1　材料与方法 ··· 60

4.2 试验结果与分析 …………………………………………………… 65

4.3 讨论 ………………………………………………………………… 74

第5章 结 论 …………………………………………………… 76

参考文献 ……………………………………………………………… 78

第1章
绪 论

1.1 土壤盐碱化概况

土壤盐渍化已成为制约农作物生长和产量的主要非生物胁迫因素。由于灌溉、施肥方式不当和工业污染，导致土壤盐渍化严重[1]。高盐度通常是由于土壤中Na^+和Cl^-的浓度高引起的，导致高渗透压和高离子浓度，进一步阻碍作物对水分和养分的吸收[2]。

最新的权威数据显示，全球受盐害影响的土地面积目前达到了13.81亿hm^2[3]，占陆地总面积的10.7%。这些受盐渍化影响的土地大多数是自然原因引起的，由于干旱和半干旱地区长时间的盐分积累造成[4]。一方面，母体岩石的风化会释放出各种类型的可溶性盐。另一方面，降雨也会增加土壤中的盐含量。除自然原因外，因土地清理或灌溉，大多数耕地逐渐盐渍化，这些都会使植物根部积聚大量盐分[6]。

土壤盐度用EC来定义，EC值是用来测量液体肥料、土壤介质及溶液中可溶性盐的浓度。当EC为4 dS/m或更高时[7]，土壤被认为是盐渍土。基质中EC值过高，会反作用于作物根系，使根系变褐干枯，出现萎蔫、生长矮小、叶片发黄等现象，并在作物定植后产生缓苗慢和死苗。因此土壤盐碱化显著降低了大多数作物的产量[8]。

1.2 植物盐胁迫响应机制

1.2.1 盐胁迫对植物的危害

土壤中高浓度的盐可对植物产生毒害[9]。根外部的盐对细胞生长和相关的新陈代谢具有直接作用；当盐积累到一定浓度，就会对植物功能造成影响。大多数农作物是甜土植物，其生长和生产力受盐胁迫的影响[10]。由于植物的固着性，植物自身形成多种高盐环境适应机制。

盐胁迫是制约植物生长和发育的主要因素之一。我们更深入地了解植物抗盐性的机制，将有助于研究出在不利的环境条件下改善作物产量的方法。在盐渍化土壤中，过多的盐进入植物细胞，破坏细胞中离子的分布，引起植物的离子胁迫、渗透胁迫和氧化胁迫[11]。为应答盐胁迫，植物自身会产生相关的生理及生化变化，来重新建立细胞内离子、渗透和活性氧的稳态（图1-1）[12]。

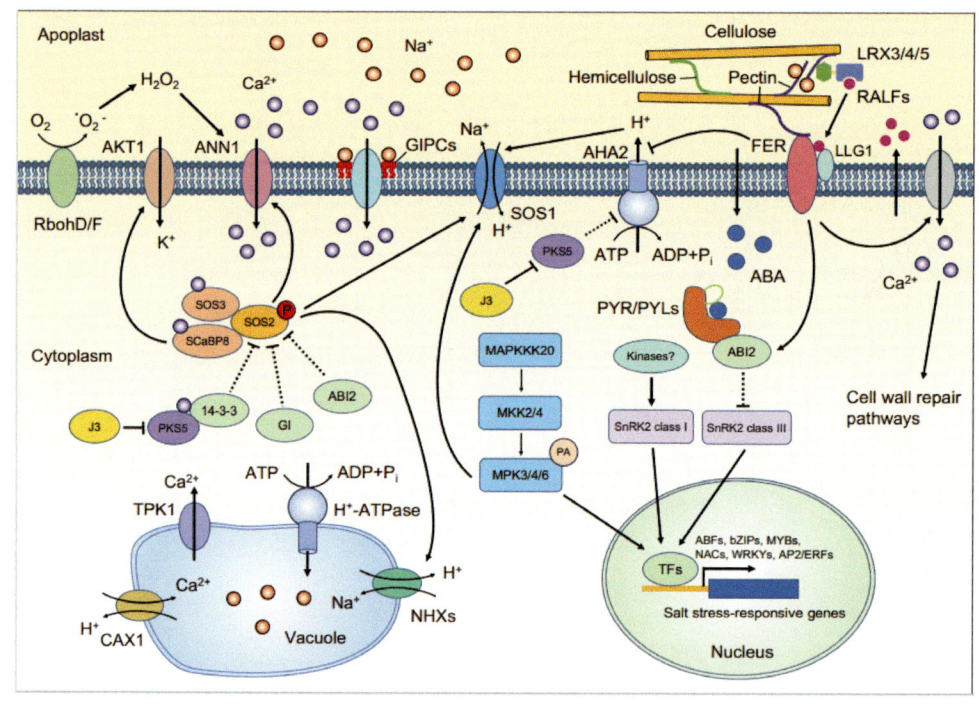

图1-1 盐胁迫信号通路[12]

维持体内离子平衡：盐胁迫下，过量的钠离子触发胞质Ca^{2+}信号，SCaBP8和SOS3感受到钙信号[13]，并和SOS2相互作用，从而SOS1和NHX（可能的液泡型Na^+/H^+转运蛋白）被激活，进一步将Na^+从细胞质运输到质外体和液泡中。在正常条件下，SOS2激酶活性受到14-3-3、GI（GIGANTEA）和ABI2（ABA INSENSITIVE2）的抑制[14]。另外，保持高K^+/Na^+浓度比是作物适应盐胁迫的重要方式[15]。在正常条件下，SCaBP（类SOS3的Ca^{2+}结合蛋白）和PKS5（类SOS2蛋白5）/PKS24（类SOS2蛋白24）会抑制质膜H$^+$-ATPase活性[16]。此外，J3可通过抑制PKS5活性来激活质膜H$^+$-ATPase活性，从而在质膜上产生质子梯度，进一步激活SOS1[17]。

重新建立渗透稳态：研究发现可能的渗透胁迫感受器有：位于质膜上的蛋白质OSCA1作为一种可能的高渗胁迫感受器形成了高渗型门控的Ca^{2+}渗透通道[18]；MSL8被发现是高渗胁迫诱导的膜张力感受器[19]；KEA1/2和KEA3作为渗透胁迫的感受器可调节这些胁迫条件下Ca^{2+}的增加[20]。在渗透胁迫下，除SnRK2.9外的所有SnRK2亚型均被激活[21]。ABA依赖型信号途径介导SnRK2.2/3/6/7/8的激活[22]。在ABA存在的条件下，SnRK2磷酸化后激活AREB/ABF转录因子，该因子与BAM1/AMY3启动子中的ABRE基序结合并激活其表达[23]。淀粉被BAM1/AMY3降解成糖和糖衍生的渗透物。在被子植物中，SnRK2s分为3个亚类：Ⅰ、Ⅱ和Ⅲ。在渗透胁迫下Ⅰ类SnRK2s也被激活，但以ABA非依赖性方式被激活[24]。关于SnRK2介导的渗透平衡信号通路仍然存在问题。例如，ABA和渗透胁迫途径都存在Ⅱ和Ⅲ亚类SnRK2s，但是如何选择特定的底物呢？渗透胁迫信号通路中的其他核心组分也不清楚。植物为适应渗透胁迫会合成带电荷的代谢物、多元醇、糖类、复合糖类和离子等相容的渗透压剂[25]，来降低细胞中的渗透压，使细胞和蛋白质结构变得稳定。

脱毒信号通路应答：盐胁迫会引发植物产生活性氧（ROS），从而产生氧化胁迫。ROS除了具有毒性作用外，还可以作为信号分子应答环境胁迫，以调节植物的应答、生长和发育。研究发现，热胁迫转录因子（HSFs）[26]、非典型硫氧还蛋白型蛋白ACHT1[27]、p46-MAPK和谷胱甘肽过氧化物酶ATGPX3[28]等几种可能的氧化还原感受器参与感知ROS动态平衡和氧化还原平衡控制。盐胁迫下植物中多种酶和非酶清除剂也可降低氧化胁迫造成的危害，例如NCA1与CAT2相互作用并增加其活性以降解H$_2$O$_2$，达到在盐胁迫下细胞中H$_2$O$_2$水平的稳态[29]。此外，MAPKKK-MAPKK-MAPK级联反应也调节ROS稳态、离子平衡和植物生长发育[30]。在氧化胁迫下，特异的拟南芥MAPKKK和ANP1与AtMPK3及AtMPK6共同作用将植物中氧化胁迫和生长素信号途径联系在一起[31]。水稻中SIT1-MPK3/6级联途径可调节活性氧和乙烯生成及信号传导来介导盐应答[32]。

同时，作物的耐盐机制是涉及多方面的复杂机制[33]。植物在受到盐胁迫后先进行转录调控，诱导盐胁迫相关基因，从而控制相关代谢物的合成、离子转运以及氧化还原反应等[34]。当前：①对植物胁迫应答和其他信号通路（例如光、激素、湿度、温度、养分和病原体）之间的交互作用有待更深入的了解。除SOS和MAPK相关级联信号转导过程外[35]，其余途径的决定性因素和具体的调节机制仍有待研究；②Na^+或特定盐诱导的胁迫感受器/受体及其潜在机制仍在研究中。

1.2.2 谷子耐盐性的研究

谷子［*Setaria italica*（L.）P. Beauv.］是起源于我国的古老作物，驯化栽培历史有10 000多年，是中国北方文明的缔造作物。谷子是绿色旱作可持续农业的首选作物，在种植业结构调整中不可或缺[36]。谷子耐干旱气候、土壤贫瘠和高效光合作用等突出优势[37]，恰好弥补了水稻和拟南芥这种模式植物的不足；同时，谷子具有基因组小、自花授粉、单穗结实多和实验室易操作等突出特点，近年来谷子基因组测序的日益完善，使其正快速发展成为C_4光合作用和禾本科功能基因发掘的模式植物，是未来植物功能基因研究的热点作物[38]。

近年来，以谷子为对象的研究越来越多，并取得了辉煌的成就。虽然谷子生长发育缓慢，转化效率低，制约了它在功能基因组学中的应用。但是，已报道的"小米"模式植物体系带动了C_4高光效、氮素高效吸收利用、抗旱、遗传驯化等研究。

目前对谷子耐盐相关的研究主要是萌芽期和成苗期谷子的盐应答、耐盐种质资源的鉴定、耐盐基因的研究[39]等方面，而在谷子品种耐盐性评价及分子机制方面研究过少[40]。近年来研究显示，谷子在响应干旱或盐胁迫时，一些保守的抗逆基因及相关代谢途径具有重要意义，其中包括脱水素、脯氨酸、LEA蛋白的代谢积累等[41]。另外ABA响应元件结合蛋白CBF、WRKY、MYC/MYB、NAC及AREB等转录因子在谷子的耐旱、耐盐信号传导中具有关键的作用[42]。田伯红[43]等人通过对比多地的谷子种质，进行了耐盐性品种的筛选。郭瑞峰[44]等通过不同品种的谷子盐处理后发芽率、活力指标等指标的对比，筛选了耐盐碱品种。另有研究发现谷子耐盐及盐敏感品种的种子对盐胁迫的应答程度存在一定的不同，并且对盐胁迫的耐受程度主要与基因对胁迫的响应程度相关[45]。

1.3 转录组学研究进展

1.3.1 转录组测序概述

转录组学（Transcriptomics）是植物基因组研究中最活跃的领域之一[46]。目前已广泛应用于微生物、药用植物、药物研发等基础研究[47-49]。近年来，转录组测序已成为研究基因表达的重要方法[50]，越来越多的用于作物胁迫应答研究中表达差异基因的寻找[51]。转录组测序可以通过不同条件或样本下基因的差异表达来研究基因调控机制[52]。转录组测序技术正逐步取代传统测序方法，为基因研究拓宽了渠道[53]。就目前来看，转录组学技术已经受到了广泛关注。

1.3.2 转录组学在植物研究中的应用

转录组测序具有高通量、成本低、时间短等特点，因此在大豆、玉米、水稻等作物转录组的研究中已得到广泛应用。此外，作物在受到各种胁迫因素影响后，会使其代谢失衡，而利用转录组学技术，可以研究在特定时间和状态下内源和外源因子诱导基因表达的差异[54]，在作物非生物胁迫和抗病机制研究方面广泛应用。

目前，转录组测序已成为研究植物胁迫应答机制[55]，成为植物在逆境下的信号传导途径和预测基因功能的研究工具。植物的生长发育与环境因素密切相关，利用代谢工程能增强植物对外界胁迫的抵抗力，使得植物免受逆境下的不良影响[56]。例如Seki等对拟南芥进行转录组测序，鉴定到44个受干旱胁迫诱导基因和19个受低温胁迫诱导的基因，其中有12个是调节因子CBE/DREP的靶基因[57]。LIU等对大豆的叶片和根进行转录组测序，发现盐胁迫下其碳和氮代谢相应基因产生了明显表达水平的变化，表明碳和氮代谢参与了大豆对盐胁迫的响应过程[58]。Chaichi等通过对不同水分处理下抗旱能力不同的小麦进行转录组测序，表明了小麦通过提高根系生长相关基因的表达，下调大量的DEGs来调控能量代谢，同时清除干旱胁迫过程中产生的活性氧的避旱机制[59]。PRIYANKA等对150 mmol/L NaCl处理后的葡萄叶片进行转录组测序，发现参与葡萄盐胁迫响应的主要代谢通路有能量代谢、碳水化合物代谢、氨基酸代谢和次生代谢产物的合成等[60]。Tamar等分别对小麦耐旱品种Y12-3和干旱敏感品种A24-39进行转录组分析，发现胁迫下与干旱调控及信号转导有关的多种途径显著富集[61]。

1.4 植物类受体蛋白激酶RLK

类受体蛋白激酶是在植物中发现的一类Ser/Thr蛋白激酶，作为受体在植物生长发育过程及胁迫响应中发挥着重要作用[62-65]。RLK家族在膜受体中占有最大比例，根据胞外结构域及胞内激酶结构域氨基酸序列的不同[66-68]，可将RLK蛋白分类成10个亚家族，如富含半胱氨酸的类受体激酶（cysteine-rich receptor-like kinases，CRKs）、类凝集素类受体激酶（Lectin receptor-like kinases，Lec-RLKs）、富含亮氨酸重复序列类受体激酶（Leucine-rich repeat receptor-like kinases，LRR-RLKs）、几丁质酶相关（Chitinase-related receptor kinases）亚家族、与细胞壁相联型（Wall-associated receptor kinases，WAKs）亚家族、肿瘤坏死因子受体（Tumor necrosis factor receptor-like，TNFRs）亚家族等[69-71]。其中，Lec-RLKs和LRR-RLKs能够在胁迫条件下被诱导且对植物生长发育具有重要意义[72]。

蛋白质磷酸化/去磷酸化为植物应答外界环境时重要的调控机制，蛋白激酶作为这个过程中关键的调控因子在植物胁迫响应、生长发育起着关键的作用[73]。研究发现大部分RLKs在植物应答盐、干旱、冷、有毒金属/类金属胁迫等非生物胁迫时被诱导[74-79]。RLKs作为重要的信号分子受体，在信号转导或调节一些效应分子表达中发挥作用[80]。一方面，蛋白激酶可作为逆境信号的受体，通过自身磷酸化将逆境信号转换为胞内信号[81]。另一方面，蛋白激酶可受胞内二级信使如Ca^{2+}、cAMP、脂质分子的激活，启动胞内磷酸化级联反应，最终导致核内相关转录因子活化，调节一系列胁迫相关基因的表达[82]。

大量研究表明RLKs在介导各类胞外信号向细胞内传递中发挥重要作用，广泛参与非生物胁迫响应[83]。水稻中编码SRLK激酶的*OsSIK2*基因，其表达能被NaCl、ABA、4℃和PEG所诱导，*OsSIK2*过表达水稻表现出叶片提前发育和延迟衰老等表型，提高了植株的抗旱和盐胁迫的能力[84]；凝集素类受体蛋白激酶基因*PslecRLK*通过调节活性氧清除酶活性而提高植物抗盐性[85]；*CrFER*通过激活ABI2抑制ABA信号在ABA和盐胁迫中起关键作用[86]；小麦基因*LRK10L1.2*通过ABA介导的信号途径调控气孔闭合，来增强植物干旱耐受性[87]；最近有研究发现，在ABA、干旱和盐胁迫下，大豆中编码SRLK的*GsSRK*基因被诱导表达，过表达*GsSRK*的拟南芥能明显增强其在盐胁迫下主根的伸长及莲座叶的生长等[88]。

1.5　CRISPR/Cas9技术及应用

CRISPR/Cas是目前发现的原核生物中较为广泛存在的一种获得性免疫系统，广泛分布于细菌和古细菌中[89]，其防御外来核酸免疫主要分为三个阶段[90]：第一，俘获外源DNA，登记"黑名单"，得到CRISPR的间隔区序列；第二，CRIPSR基因序列的转录；第三，CRISPR/Cas系统针对目的基因的定向编辑。CRISPR/Cas9系统的两大主要组成部分为sgRNA和Cas9核酸酶。其中，Cas9是一种限制性核酸内切酶[91]，其识别位点为PAM，Cas9蛋白在识别到PAM位点后会在其上游导致DSBs[92]，DNA双链断裂后会引起生物体的同源重组和非同源末端连接的修复机制，从而将目的基因突变[93-98]。

目前，CRISPR/Cas9已在大豆、棉花、水稻、谷子等植物中大范围使用[99-100]。Wang等通过CRISPR/Cas9将水稻的*OsREC8*、*OsPAIR1*、*OsOSD1*和*OsMTL*基因敲除后得到了无性繁殖的后代[101]；Sood P、Singh RK等人利用CRISPR/Cas9通过农杆菌转化获得三套亚基因组的小麦，导致*Qsd1*等位基因功能缺失，调控小麦种子休眠的*Qsd1*基因缺失会对小麦产生不良影响，如：种子发芽数量减少，产量降低等[102]；Tang等通过CRISPR/Cas9对*OsNramp5*基因敲除，使得水稻中镉离子减少[103]；Zhang等通过CRISPR/Cas9得到水稻*OsRR22*基因突变植株，使其抗盐能力得到提高[104]。

1.6　目的、意义与研究内容

1.6.1　目的与意义

土壤盐碱化是制约作物生长发育和产量的主要环境因素之一，因此选育耐盐种质对提高作物产量具有重要意义。随着人口增加、耕地面积日益减小，耐盐种质的筛选、提高作物对盐胁迫的抗逆性及作物对水资源高效利用的课题，逐渐为全球所关注。种植耐盐作物种质是盐碱地改良的最经济有效的途径。耐盐谷子品种筛选、耐盐新品种的培育[105]，不仅能彻底改变盐碱地农业种植结构，也能改变生态环境；而作物关键耐盐基因的鉴定及作用机制解析，为培育耐盐作物品种提供了候选基因资源。

本试验通过对不同地区的谷子种质进行大田试验结合实验室进一步盐胁迫下苗期耐盐筛选、组织化学分析、盐胁迫相关生理指标测定，获得耐盐谷子种质，为谷子在盐碱地种植提供基础材料和依据；同时以耐盐及盐敏感谷子为研究材料，进行盐应答转录组测序分析，结合生物信息学的方法，比较耐盐品种和盐敏感品种基因表达的差异，进行耐盐关键功能基因的筛选；在实验室前期研究基础上，利用CRISPR/Cas9技术和谷子遗传转化体系，通过反向遗传学的方法，借助转基因材料对候选耐盐基因功能进行鉴定。谷子种质资源进行耐盐品质研究及耐盐机制的解析，可为选育耐盐谷子新品种提供候选基因资源，为谷子盐胁迫应答机制解析奠定理论基础。

1.6.2 主要研究内容

为明确不同谷子种质资源的耐盐性差异和筛选培育耐盐性种质，发展盐碱地谷子生产，本研究采用田间种植和实验室筛选，对收集到的942份谷子品种的农艺性状、胁迫处理下的生长发育表型、组织化学染色及部分关键生理生化指标等进行调查研究及测定分析，从而筛选出抗盐能力强的谷子种质，为耐盐基因挖掘和综合性状优良的谷子耐盐新品种培育奠定基础。

为进一步深入挖掘耐盐基因，以耐盐品种及盐敏感品种为材料，应用RNA-Seq进行了转录组测序分析，比较耐盐品种和盐敏感品种基因表达的差异，对耐盐关键功能基因进行筛选，进一步分析差异基因的生物学功能，结合谷子盐胁迫应答通路，对筛选出的差异基因进行数据质控、参考基因组比对、表达定量分析、差异性显著分析、GO功能分析、KEGG通路富集分析。为深入研究谷子的盐应答机制和选育谷子耐盐新品种奠定基础。

为研究谷子中筛选到的候选耐盐类受体蛋白激酶SiRLK35在谷子响应盐害中的作用，利用CRISPR/Cas9基因编辑技术，设计谷子*SiRLK35*基因的两个敲除靶位点，通过特异引物扩增靶位点序列，然后连接SKm-gRNA载体，进一步与pC1300-Cas9终载体重组得到pC1300-UBI：Cas9-*SiRLK35*的基因编辑载体。同时构建了pCAMBIA1301P-*SiRLK35*的*SiRLK35*基因过表达载体，通过农杆菌转化谷子品种Ci846,得到突变体植株,采用潮霉素筛选,得到阳性植株,并结合测序结果分析突变单株的突变类型。通过反向遗传学的方法,借助转基因材料对基因功能进行鉴定。为谷子耐盐机制解析及借助于基因工程改良品种性状提供基础理论。

本试验的技术路线如图1-2所示。

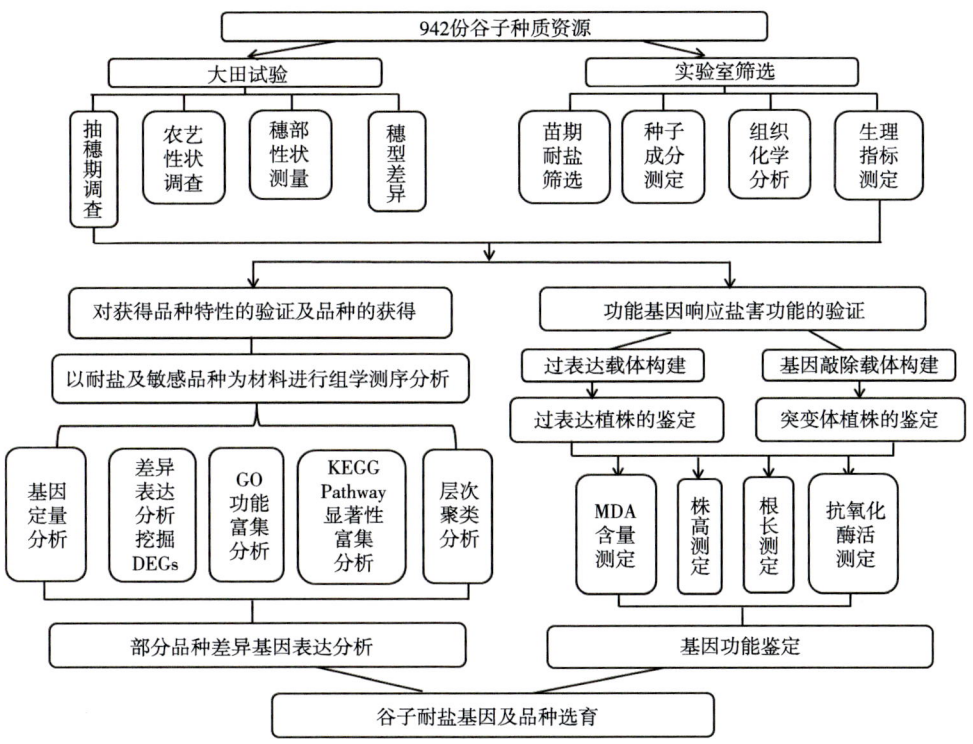

图1-2　试验技术路线

第2章

谷子耐盐种质筛选

2.1 供试材料

942份不同谷子种质由中国农业科学院作物科学研究所刁现民课题组提供，由山东省农业科学院农作物种质资源研究所保存。其中，大部分为我国地方品种，以及从世界各地收集的种质，来自美国、德国、俄罗斯、日本、荷兰等国家。部分种质品种编号和材料名称见表2-1。

主要试剂及配制：10%三氯乙酸（TCA）：50 gTCA溶解于500 mL蒸馏水中；0.6%硫代巴比妥酸：先用少量NaOH溶液（1 mol/L）进行溶解，然后10%TCA溶液定容。

仪器设备：高速冷冻离心机（Eppendoff，Eppendoff-5415-D）、JNY人工气候箱（型号：RXZ）、高压灭菌锅（型号：LDZX-40BI）、亚太电子天平（型号：DS-500）、Sgima离心机（型号：1-14）、Beckman超速台式冷冻离心机（型号：J2-21）、新飞冰箱（型号：BCD-251DK）、Kelvinator超低温冰箱（型号：Series 100）、震荡培养箱（型号：HZQ-F100）。

表2-1 谷子品种编号与名称

编号	材料名称	编号	材料名称	编号	材料名称
20	黄粘谷	52	露米青谷	79	沙湾谷子
26	锦谷5号	56	秋毛羽	82	昭和糯
29	碱谷	67	小早谷	83	六十日
42	青软谷	72	红狗蹄粘谷	89	德普
48	毛毛亮	73	钱串子	92	珠沙糯

（续表）

编号	材料名称	编号	材料名称	编号	材料名称
94	黑谷2号	369	公谷61号	527	白谷
97	勾根	370	公谷62号	539	昌吉谷子
103	鸭子嘴	376	公谷71号	540	五爪黄粘谷
118	小红谷	380	公谷75号	543	宽京早矮3-1-1
148	野谷子	381	公矮3号	569	皋兰白毛毛谷
153	红燃谷	382	公矮4号	570	大毛凉谷
166	茶清谷	383	白谷6号	571	红酒谷
173	姊妹齐	394	龙谷26号	595	大黑谷
174	骡子尾	409	九谷13号	604	红苗小粒白
177	济叶冲1	431	晋谷27号	605	小红粘谷
179	黄单子谷	437	长生18	606	大粘谷
195	大红毛谷	456	坝矮2号	607	黑谷
196	竹叶青	459	延谷12号	640	保农一号
216	郑256	468	蒙谷12号	652	虾米腰
223	狗尾粟（粳小米）	477	承农2号	653	八斗子
243	打锣锤谷	478	冀呼谷1号	658	红苗尖穗谷
281	冀谷29	488	安04-4783	663	朱砂谷
295	09冬-创140	506	Set3/80	668	紫苗白
300	红谷子	508	闽谷	669	柳条青
301	保谷18	510	狗尾粟	670	十里香
316	济07607	511	忻城小米	674	小鸡够
324	济谷11	518	早籼小米	684	红小谷子
331	陇谷10号	523	黄粟（金银保）	685	龙爪谷子
360	冀谷12号	525	糯小谷	688	老来变
366	公谷新7号	526	红谷	689	气死鸭

（续表）

编号	材料名称	编号	材料名称	编号	材料名称
701	金米-2	814	SSR23	897	晋谷29号
712	红粘谷	829	SSR40	902	红苗大白谷
746	红苗小白米	852	SSR63	906	气死雀粘谷
751	饿死猪	863	SSR75	915	安矮15号
763	黄拔谷	880	SSR103	916	赤矮9号
772	大红苗	883	SSR106	920	济矮9号
780	小白谷	886	SSR109	930	安矮13号
781	猪屎谷	890	SSR113	934	223
789	米脂黄	892	SSR115	935	安矮17号

2.2 试验方法

2.2.1 田间种植

试验田为山东省东营市河口区盐碱地和山东省农业科学院济南饮马泉实验基地。将来源于不同地区的谷子种质资源，播种于山东省东营市河口区盐碱地。田间管理同大田生产管理。

（1）种子的分选及标记。先根据资源名称，写种子袋（之前编号及今年编号）。种子从原始袋中分出，每包种子约5 g。标记，约15包用皮筋捆成一组。同时准备相关标牌。

（2）耕地处理。耕地前先要浇地，然后用旋耕机旋耕2遍。播种前了解地的长度及宽度，划分好地块。用皮尺测量好，或者绳子进行标记，定好小区，预留过道和浇地水渠。

（3）播种。每个材料种两行，每行1 m长，以行距50 cm、株距3~5 cm种植，播深4~5 cm。播后镇压，使种子与土壤接触便于种子萌发。每亩（15亩= 1 hm^2）约4万株，常规管理。

（4）苗期管理。出苗后，根据月内降水情况，萎蔫时浇水；及时合理间苗，3~4叶期查苗补苗，定期除草，防病治虫。

（5）地面盐分含量的测定。取土样，采用盐度计测定。5亩之内，取5个点混样（"S"形取样或周围4个点，中间一个点），取平均值。

2.2.2 农艺性状调查

为了系统分析不同谷子种质资源的表型遗传多样性，以不同地区的谷子种质为材料，参考《中国谷子品种资源目录》《中国谷子遗传资源目录》和《中国谷子及其他粟类作物遗传资源目录》中记录的谷子表型性状为依据，对不同谷子资源品种进行田间调查与农艺性状考察。调查并记录各谷子品种的抽穗期，同时观察记载各供试材料的穗型特征[106]。并对不同谷子品种进行叶鞘色、幼苗叶色、幼苗叶姿、开花期叶姿、主茎长度、穗茎形状、主茎直径、主茎节数等田间表型性状调查。待谷子成熟后，去除边行材料选取中间长势较为一致的单株收取并考察测量穗部性状：主穗长度、主穗直径、穗松紧度、谷码密度、穗形、刺毛长度等。

2.2.3 谷子苗期的耐盐筛选

本研究以942份谷子核心种质资源为材料，进行350 mmol/L NaCl胁迫处理，对不同谷子品种进行苗期的耐盐筛选[107]。将试验材料播种于统一标准的96孔播种盒（40 cm×60 cm×15 cm）中，水培营养液Ⅰ、Ⅱ、Ⅲ及铁盐按照表2-2至表2-5配方配制。材料放于普通光照培养箱中培养，培养条件（28℃，16 h光照，8 h黑暗，湿度为70%），培养2周，幼苗长至2叶1心时进行盐胁迫处理，处理浓度为350 mmol/L（为了防止高浓度盐对植物的冲击，需逐渐增加盐浓度），至叶片出现萎蔫状态时拍照观察，对谷子品种的耐盐性进行初步评估，初步筛选出耐盐性较好的品种，并用于后续耐盐品种的进一步筛选及测定。

表2-2 800×营养液原液Ⅰ配方

序号	化合物名称	浓度（g/L）
1	NH_4NO_3	91.4
2	$CaCl_2 \cdot 2H_2O$	5.336

表2-3 800×营养液原液Ⅱ配方

序号	化合物名称	浓度（g/L）
1	$NaH_2PO_4 \cdot 2H_2O$	71.4
2	K_2SO_4	88.6

表2-4 800×营养液原液Ⅲ配方

序号	化合物名称	浓度（g/L）
1	$MgSO_4 \cdot 7H_2O$	531.58
2	$MnCl_2 \cdot 4H_2O$	1.5
3	$(NH_4)_6 \cdot MO_2O_{24} \cdot 4H_2O$	0.071 3
4	H_3BO_3	0.934
5	$ZnSO_4 \cdot 7H_2O$	0.035
6	$CuSO_4 \cdot 5H_2O$	0.023
7	柠檬酸	16.65

表2-5 400×铁盐配方

序号	化合物名称	浓度（g/L）
1	$FeSO_4 \cdot 7H_2O$	11.12
2	$Na_2EDTA \cdot 2H_2O$	14.92

2.2.4 不同谷子品种种子成分的测定

近红外分析仪通过有机化合物在近红外光范围内的吸收特性，可对其进行快速定量分析。蛋白质、脂肪和氨基酸等有机化学成分在近红外波段都有自己特定的吸收波长，并且该波长处的吸收光强度和其各自的浓度成正比[108]。

对每个待测谷子品种用脱粒机进行脱粒后，利用近红外光谱仪进行种子成分的测定。我们采用8611灰分型近红外谷物分析仪对不同谷子品种的种子中水分、蛋白、氨基酸等成分进行含量检测。用于近红外分析的波长范围通常在

750~2 500 nm。测定时要将种子平铺均匀,当近红外光聚焦在种子表面时,其有机化学成分可以吸收近红外光,发生散射和反射,吸收量及散射反射量被近红外光谱仪传输到微机电脑并显示结果。

2.2.5 抗氧化染色筛选

过氧化物酶(peroxidase)是一类氧化还原酶,可使过氧化氢(H_2O_2)分解生成水和释放氧。显示过氧化物酶常用联苯胺法。联苯胺如DAB能被过氧化物酶分解H_2O_2生成的氧所氧化,产生棕褐色多聚体沉淀。从而定位植物组织中的H_2O_2。植物根尖或叶片中产生过氧化氢的区域为深褐色,其他区域为浅棕色或者无色。

DAB染色液的配制:①200 mmol/L $Na_2HPO_4 \cdot 12H_2O$溶液:称取7.162 8 g磷酸氢二钠固体于100 mL锥形瓶中,加入ddH_2O定容至100 mL;②DAB染色液1 mg/mL:称0.1 g DAB放于100 mL烧杯中,加90 mL H_2O溶解,加入5 μL Tween20和5 mL 200 mmol/L Na_2HPO_4,调pH值为3.0。

播种前,挑选颗粒饱满的、没有受过损伤的种子。播种20DY01-20DY92谷子品种。将200 mmol/L NaCl处理2 d后的谷子幼苗的叶片用去离子水冲洗干净,并将5 mg/mL的3,3-二氨基联苯胺(Diaminobezidine,DAB)加入锥形瓶中,放入谷子叶片,在避光条件下染色12~24 h。染色后的谷子叶片放入乙醇中进行脱色,沸水浴12 min,冷却至室温,更换新的乙醇溶液再次脱色后观察、拍照。

2.2.6 部分谷子品种胁迫相关生理指标测定

通过测定植物生理代谢过程中的部分盐胁迫相关指标如电导率、丙二醛(MDA)、抗氧化酶活POD酶、GST酶等变化来鉴定不同谷子品种的耐盐程度[109-111]。我们采用电导仪测定逆境对植物组织的电解质外渗量影响;采用硫代巴比妥酸比色法测定盐胁迫下谷子中丙二醛(MDA)含量变化;对谷子地上部分的谷胱甘肽S-转移酶(GST)、过氧化物酶(POD)等活性的检测均用苏州科铭生物技术有限公司提供的试剂盒。

电导率测定:①选取不同谷子品种盐处理0 h、24 h、48 h的叶片分别用无菌水冲洗3次,并用滤纸吸干,将叶片剪成1~2 cm长小段,取0.1 g且3个生物学重复。②将处理完材料置于标记好的试管里，加15 mL蒸馏水。③将处理好的叶片抽气40 min。④将叶片从真空干燥器取出，振荡平衡2 h，测定溶液初电导。⑤放入水浴锅中100℃水浴15 min后取出，放凉后摇匀测其终电导。⑥以相对电导率（%）=（初电导-蒸馏水电导）/（终电导-蒸馏水电导）×100公式计算。

丙二醛含量测定使用硫代巴比妥法：①称谷子叶片0.5 g，用5mL10%TCA溶液研磨，12 000 r/min离心8 min。②取上清加2 mL 0.6% TBA，煮沸13 min，快速凉至室温，3 000 r/min离心后取上清液测定450 nm、532 nm、600 nm比色。MDA测定时易受可溶性糖的影响，所以在显色反应中需一定量的铁离子。③按下式计算MDA浓度（μmol/g）：C=6.45（D_{532}-D_{600}）-0.56 D_{450}，Y=CV/W即MDA含量（μmol/g）=MDA浓度（μmol/L）×提取液体积（mL）/植物组织鲜重（g）。

POD、GST抗氧化酶活测定：①称0.1 g谷子组织，于冰板上加提取液研磨，10 000 r/min离心8 min后等待测定。②分别参照POD、GST酶活测定试剂盒说明书进行分光光度法测定。③计算：POD（U/g鲜重）=（A2-A1）×V反总÷（W×V样÷V样总）÷0.01÷T=2 000×（A2-A1）÷W。其中A1为470 nm下1 min时吸光度，A2为2 min时的吸光度。GST（nmol/min/g鲜重）=230×（A2-A1）÷W。其中A1为340 nm下10 s的吸光度，A2为310 s时的吸光度。

2.3　试验结果与分析

2.3.1　田间谷子抗盐品种的筛选

通过大田试验对不同品种谷子植株进行抽穗期调查，具体抽穗期情况如表2-6所示。结果表明：不同品种抽穗期差异较大，抽穗期变化在35～57 d；最晚与最早抽穗材料抽穗期相差22 d；其中谷子品种Ci846、打锣锤谷（BJ243）、公谷新7号（BJ366）、公谷62号（BJ370）、小红粘谷（BJ605）、朱砂谷（BJ663）、SSR23（BJ814）较早熟，抽穗期分别为35 d、42 d、42 d、42 d、39 d、42 d、39 d左右；其中延谷13号抽穗期最长为57 d左右。

表2-6 谷子抽穗期调查

品种	抽穗期（d）	品种	抽穗期（d）	品种	抽穗期（d）
BJ20	52	BJ459	53	BJ607	44
BJ29	51	BJ468	47	BJ652	44
BJ56	46	BJ478	48	BJ653	42
BJ67	39	BJ488	49	BJ669	49
BJ72	52	BJ506	47	BJ670	42
BJ73	46	BJ508	53	BJ685	49
BJ83	56	BJ510	53	BJ712	42
BJ92	49	BJ511	53	BJ751	49
BJ98	53	BJ523	49	BJ772	42
BJ153	49	BJ539	52	BJ789	47
BJ166	46	BJ543	49	BJ814	39
BJ195	46	BJ571	49	BJ863	48
BJ216	52	BJ584	46	BJ880	42
BJ223	50	BJ593	46	BJ886	49
BJ281	53	BJ640	47	BJ890	47
BJ295	51	BJ663	42	BJ892	53
BJ300	44	BJ668	50	BJ915	53
BJ301	49	BJ689	39	BJ916	50
BJ324	49	BJ746	53	BJ930	50
BJ360	47	BJ829	48	BJ934	50
BJ366	42	BJ883	53	BJ935	53
BJ369	46	BJ902	53	鲁谷1号	42
BJ370	42	BJ906	53	陇谷3号	53
BJ376	48	BJ920	53	AN04	53
BJ381	50	延谷13	57	豫谷1号	47

（续表）

品种	抽穗期（d）	品种	抽穗期（d）	品种	抽穗期（d）
BJ382	46	BJ243	42	豫谷2号	47
BJ383	47	BJ366	47	Ci846	35
BJ409	49	BJ394	35	济谷20	49
BJ431	52	BJ595	47		
BJ437	53	BJ605	39		

基于表型性状的遗传分析是重要的种质资源筛选手段之一，本试验对不同地区收集的谷子材料进行了田间表型分析，以期为实际育种工作提供参考。在谷子幼苗时期和成熟时期分别测定谷子叶鞘色、幼苗叶色、幼苗叶姿、开花期叶姿、主茎长度、穗茎形状、主茎直径、主穗长度、主穗直径、穗松紧度、谷码密度、穗形和刺毛长度13个质量和数量性状进行整理分析（图2-1，表2-7，表2-8）。

供试材料各表型性状多样性较高，农艺性状的变化范围较大，存在丰富的遗传变异。对不同地区谷子种质的9个质量性状调查发现，叶鞘色包括绿色、红色、紫色3种；幼苗叶色包括绿色、黄色、紫色3种；幼苗叶姿有上举、半上举、平展、下披4种；开花期叶姿有上举、半上举、平展、下披4种；穗茎形状包括直立、中弯、弯曲、钩形4种；穗松紧度有松、中、紧3种；谷码密度有稀疏、中疏、中密、紧密4种；穗形有纺锤形、佛手形、棍棒形、猫爪形、鸡嘴形、圆筒形、鸭嘴形7种；刺毛长度有很短、短、长、很长4种。

对不同谷子品种的数量性状调查结果表明，主茎长度的变化在98.00～193.00 cm，品种编号为BJ525的糯小谷主茎长度最长为193 cm，品种编号为BJ381的公矮3号主茎长度最短为98 cm；主茎直径的变幅在2.00～6.90 cm，编号为BJ934的223谷子品种主茎直径最大为6.9 cm，编号为BJ863的SSR75品种主茎直径次之为6.5 cm，品种编号为BJ915的安矮15号主茎直径最小为2 cm；主穗长度的变幅在12.00～30.50 cm，品种编号为BJ915的安矮15号穗长最长为30.5 cm，编号为BJ216的郑256品种穗长最短为12 cm；主穗直径的变幅在7.10～35.84 cm，品种编号为BJ431的晋谷27号主穗直径最大为35.84 cm，编号为BJ829的SSR40品种主穗直径最小为7.10 cm。

图2-1　谷子的田间种植（盐碱地生长15 d的谷子幼苗）

表2-7　谷子田间农艺性状调查

品种	叶鞘色			幼苗叶色			幼苗叶姿				开花期叶姿				主茎长度	穗茎形状				主茎直径（cm）
	绿色	红色	紫色	绿色	黄色	紫色	上举	半上举	平展	下披	上举	半上举	平展	下披		直立	中弯	弯曲	钩形	
BJ20	√			√				√						√	165	√				5.3
BJ29	√			√											125		√			4.5
BJ56	√			√											140			√		3.2
BJ67	√			√					√						122					3.9
BJ72		√													155					4.0
BJ73		√						√					√		145			√		2.6
BJ83	√												√		145	√				5.5
BJ92		√													160		√			4.0
BJ98	√														120					4.7
BJ153	√								√				√		140	√				3.6

（续表）

品种	叶鞘色			幼苗叶色			幼苗叶姿				开花期叶姿				主茎长度	穗茎形状				主茎直径(cm)
	绿色	红色	紫色	绿色	黄色	紫色	上举	半上举	平展	下披	上举	半上举	平展	下披		直立	中弯	弯曲	钩形	
BJ166	√			√				√			√				160	√				4.6
BJ195		√			√		√				√				155	√				4.1
BJ216	√							√					√		110	√				3.9
BJ223	√			√				√			√				145	√				3.3
BJ281	√			√				√			√				135	√				3.8
BJ295	√			√			√				√				135					2.8
BJ300	√										√				125		√			3.3
BJ301	√			√				√						√	130		√			3.53
BJ324	√			√				√			√				135		√			5.08
BJ360	√			√				√			√				141	√				3.71
BJ366	√			√					√				√		146	√				3.29
BJ369	√			√				√				√			136	√				4.94
BJ370		√		√				√					√		154	√				3.43
BJ376	√			√			√							√	160			√		3.5
BJ381	√			√				√							98	√				4.71
BJ382	√			√				√							145	√				3.51
BJ383	√			√				√						√	154	√				3.11
BJ409				√							√				139	√				3.96
BJ431	√			√											164					4.5
BJ437	√														162					2.6
BJ459	√			√											174	√				4.75
BJ468	√			√					√						156	√				4.19
BJ478	√			√					√			√			144		√			4.22

（续表）

品种	叶鞘色			幼苗叶色			幼苗叶姿				开花期叶姿				主茎长度	穗茎形状				主茎直径(cm)
	绿色	红色	紫色	绿色	黄色	紫色	上举	半上举	平展	下披	上举	半上举	平展	下披		直立	中弯	弯曲	钩形	
BJ488	√			√					√		√				119	√				3.94
BJ506	√			√						√	√				141			√		3.73
BJ508	√			√					√			√			155	√				3.24
BJ510	√			√					√				√		139	√				2.03
BJ511	√			√				√				√			143	√				2.82
BJ523	√			√				√				√			147	√				3.08
BJ539	√			√					√			√			139	√				3.4
BJ543	√			√					√			√			134	√				2.83
BJ571			√	√						√	√				168	√				4.03
BJ584			√		√				√		√				176	√				3.78
BJ593	√			√						√				√	140	√				3.61
BJ640		√		√						√	√				164	√				4.9
BJ663		√		√						√	√				150	√				4.6
BJ668	√			√			√				√				165	√				3.8
BJ684	√			√						√	√				155	√				3.7
BJ689		√		√						√	√				130		√			4.1
BJ746	√			√						√	√				160	√				4.2
BJ829	√			√						√	√				185		√			4.8
BJ883	√			√						√	√				190		√			4.7
BJ902	√			√						√	√				170	√				4.7
BJ906	√			√						√	√				165	√				3.5
BJ920		√		√					√		√				155	√				4.7
BJ243	√			√					√		√				115		√			3.1

（续表）

品种	叶鞘色			幼苗叶色			幼苗叶姿				开花期叶姿				主茎长度	穗茎形状				主茎直径(cm)
	绿色	红色	紫色	绿色	黄色	紫色	上举	半上举	平展	下披	上举	半上举	平展	下披		直立	中弯	弯曲	钩形	
BJ366	√			√					√				√		146		√			3.29
BJ394	√			√						√			√		117		√			3.18
BJ525	√			√						√					193	√				4.17
BJ527	√			√					√						186		√			3.51
BJ595			√	√											163					4.67
BJ605	√			√											145			√		5.1
BJ607	√			√			√							√	150					4.8
BJ652	√				√				√				√		170					6.4
BJ653	√			√					√			√			158					6.3
BJ669	√			√					√			√			169		√			5.7
BJ670		√		√									√		152			√		5.2
BJ685	√			√									√		154		√			3.6
BJ712		√			√	√			√						154					4.3
BJ751		√		√					√				√		145	√				5.3
BJ772	√			√									√		153					5.5
BJ789	√			√									√		160	√				5.6
BJ814	√			√									√		130	√				4.6
BJ863	√			√									√		160			√		6.5
BJ880	√			√					√				√		140					5
BJ886	√			√											130		√			3.9
BJ890	√			√											150		√			4.5
BJ892	√			√											135		√			6.2
BJ897	√			√									√		175		√			5.2

（续表）

品种	叶鞘色			幼苗叶色			幼苗叶姿				开花期叶姿				主茎长度	穗茎形状				主茎直径(cm)
	绿色	红色	紫色	绿色	黄色	紫色	上举	半上举	平展	下披	上举	半上举	平展	下披		直立	中弯	弯曲	钩形	
BJ915		✓		✓			✓					✓			105	✓				2
BJ916		✓		✓			✓				✓				105	✓				4.9
BJ930		✓		✓				✓			✓				163		✓			4.5
BJ934		✓		✓				✓					✓		135		✓			6.9
BJ935		✓		✓			✓				✓				140	✓				3.9

表2-8 谷子穗部性状调查

品种	主穗长度(cm)	主穗直径(cm)	穗松紧度			谷码密度				穗形							刺毛长度			
			松	中	紧	稀疏	中疏	中密	紧密	鸡嘴形	纺锤形	圆筒形	棍棒形	鸭嘴形	猫爪形	佛手形	很短	短	长	很长
BJ20	28	20.10	✓			✓				✓									✓	
BJ29	20	23.50		✓			✓					✓							✓	
BJ56	23	19.80	✓				✓				✓								✓	
BJ67	13	25.30		✓			✓								✓		✓			
BJ72	20	20.00		✓			✓				✓								✓	
BJ73	25	15.50			✓				✓		✓								✓	
BJ83	18	34.20	✓					✓					✓							✓
BJ92	20	21.60	✓				✓				✓								✓	
BJ98	20	25.20	✓				✓							✓					✓	
BJ153	20	21.90	✓				✓					✓							✓	
BJ166	27	21.40	✓				✓				✓								✓	
BJ195	28	20.80	✓				✓				✓								✓	

（续表）

品种	主穗长度(cm)	主穗直径(cm)	穗松紧度			谷码密度				穗形							刺毛长度			
			松	中	紧	稀疏	中疏	中密	紧密	鸡嘴形	纺锤形	圆筒形	棍棒形	鸭嘴形	猫爪形	佛手形	很短	短	长	很长
BJ216	12	23.00		√				√		√							√			
BJ223	20	23.90		√				√			√						√			
BJ281	18	25.20		√				√				√					√			
BJ295	21	25.40	√					√									√			
BJ300	17	15.10		√				√									√			
BJ301	21	21.14		√																
BJ324	22	26.87		√			√					√								
BJ360	17	19.00		√																
BJ366	14	21.77		√								√								√
BJ369	20	21.07		√																
BJ370	16	19.26		√																
BJ376	17	17.89		√									√						√	
BJ381	17	28.56		√																
BJ382	17	26.41		√																√
BJ383	19	17.50		√																√
BJ409	18	28.21						√				√					√			
BJ431	21	35.84		√			√					√								
BJ437	19	26.75		√			√					√								
BJ459	17	27.73		√			√						√							
BJ468	22	23.39		√				√				√								
BJ478	22	19.98		√								√								
BJ488	16	34.04		√				√				√					√			
BJ506	14	24.13		√				√				√					√			

（续表）

品种	主穗长度(cm)	主穗直径(cm)	穗松紧度			谷码密度				穗形							刺毛长度			
			松	中	紧	稀疏	中疏	中密	紧密	鸡嘴形	纺锤形	圆筒形	棍棒形	鸭嘴形	猫爪形	佛手形	很短	短	长	很长
BJ508	14	14.38	✓				✓					✓								✓
BJ510	13	14.13	✓				✓					✓								✓
BJ511	16	17.48	✓				✓					✓								✓
BJ523	17	19.20		✓				✓				✓					✓			
BJ539	20	22.84		✓				✓				✓					✓			
BJ543	19	21.25		✓				✓				✓					✓			
BJ571	17	15.30		✓				✓				✓					✓			
BJ584	31	28.10		✓				✓				✓					✓			
BJ593	20	31.52	✓			✓									✓			✓		
BJ640	22	23.00	✓				✓					✓								✓
BJ663	19	16.10	✓				✓					✓								✓
BJ668	18	23.40	✓					✓				✓								✓
BJ684	15	18.20	✓						✓			✓								✓
BJ689	20	24.70	✓				✓					✓								✓
BJ746	21	26.80	✓				✓					✓								✓
BJ829	30	7.10		✓			✓					✓								✓
BJ883	20	26.70		✓			✓								✓					✓
BJ902	26.6	14.00	✓				✓					✓								✓
BJ906	25.2	17.00	✓				✓					✓								✓
BJ920	24.2	21.00		✓			✓					✓								✓
BJ243	13	18.60	✓				✓					✓								✓
BJ366	14	21.77	✓				✓					✓								✓
BJ394	19	12.22	✓				✓					✓								✓

（续表）

品种	主穗长度(cm)	主穗直径(cm)	穗松紧度			谷码密度				穗形							刺毛长度			
			松	中	紧	稀疏	中疏	中密	紧密	鸡嘴形	纺锤形	圆筒形	棍棒形	鸭嘴形	猫爪形	佛手形	很短	短	长	很长
BJ525	46	22.01	√				√								√		√			
BJ527	21	14.15	√				√					√					√			
BJ595	20	24.55		√			√										√			
BJ605	28	25.00		√			√										√			
BJ607	23	24.00		√			√										√			
BJ652	22	32.00		√			√										√			
BJ653	20	25.00		√			√										√			
BJ669	21	24.60			√			√						√			√			
BJ670	18	23.10			√			√									√			
BJ685	16	25.60		√				√									√			
BJ712	21	23.70		√			√										√			
BJ751	24	30.28		√			√										√			
BJ772	23	21.00			√		√												√	
BJ789	24	22.30	√				√										√			
BJ814	20	19.10	√				√							√					√	
BJ863	24	26.90	√					√									√			
BJ880	23	20.50		√			√													√
BJ886	18	12.50		√			√						√				√			
BJ890	17	21.70		√			√										√			
BJ892	21	31.05		√			√						√				√			
BJ897	22	25.90		√			√										√			
BJ915	30.5	14.00			√			√									√			
BJ916	29	14.00			√			√									√			
BJ930	21	20.00	√				√										√			

（续表）

品种	主穗长度(cm)	主穗直径(cm)	穗松紧度			谷码密度				穗形							刺毛长度			
			松	中	紧	稀疏	中疏	中密	紧密	鸡嘴形	纺锤形	圆筒形	棍棒形	鸭嘴形	猫爪形	佛手形	很短	短	长	很长
BJ934	18	25.10	√				√				√							√		
BJ935	16	9.70	√				√											√		

谷穗为穗状圆锥花序，由穗轴（主轴），枝梗和小穗组成。由于第一级分枝的长短、稀密的不同，以及穗轴顶端分叉的有无，形成不同性状的穗型。

各谷子品种间穗型差异显著（图2-2）。编号为BJ56的"秋毛羽"谷子品种穗形为鸡嘴形，谷穗较长，顶端类似圆锥；品种编号为BJ73的"钱串子"、品种编号为BJ523的黄粟（金银保）、品种编号为BJ543的宽京早矮3-1-1、品种编号为BJ663的朱砂谷和品种编号为BJ527的白谷穗形类似，均为典型圆筒形，谷穗较长，穗码紧凑；品种编号为BJ243的打锣锤谷和编号为BJ669的"柳条青"谷子品种穗形类似，为典型棍棒形；除品种编号为BJ67的小早谷和品种编号为BJ243的打锣锤谷外，其余品种穗长均在20 cm以上，尤其是编号为BJ584的谷子品种、品种编号为BJ73的"钱串子"、品种编号为BJ920的济矮9号、编号为BJ751的谷子品种表现最优，穗长分别达到31 cm、25 cm、24.2 cm和24 cm，这为其实现高产提供了条件；品种编号为BJ67的小早谷穗形类似佛手，穗长13 cm，直径25.3 cm，穗码排列较为松散；编号为BJ584、BJ684、BJ746、BJ920、BJ595、BJ652、BJ653、BJ670、BJ751、BJ934的谷子品种穗形均为纺锤形，其中，品种编号为BJ934的谷穗细小但穗码紧凑，编号为BJ584的谷子品种谷穗虽长但穗码排列松散。

图2-2 部分谷子品种穗型

图2-2 （续）

2.3.2 谷子不同品种苗期耐盐性的表型筛选

本试验以942份谷子种质资源为研究对象，以350 mmol/L NaCl溶液进行盐胁迫，用营养液作为对照，采用统一标准的96孔播种盒在人工气候培养箱（昼/夜，30℃/20℃，光周期14 h/d）中进行谷子种质苗期的耐盐性鉴定。通过比较谷子在对照和盐处理条件下的表型差异，筛选出高耐盐性的谷子种质，为改良盐碱地的使用提供了优良种质资源。

通过水培条件下谷子苗期盐胁迫处理，观察胁迫处理下各品种的生长发育表型，根据不同谷子品种盐胁迫培养下的叶片表型变化，从而对不同品种的耐盐性进行初步评价。盐胁迫下处理组与对照组表型无明显差异的耐盐性较好；而盐处理后生长受抑制严重，出现植株变矮、根长变短和叶片变黄、萎蔫严重等表型的则表现为盐敏感（图2-3），从而筛选获得耐盐和盐敏感谷子种质92份。其中，耐盐品种56个和盐敏感品种36个。

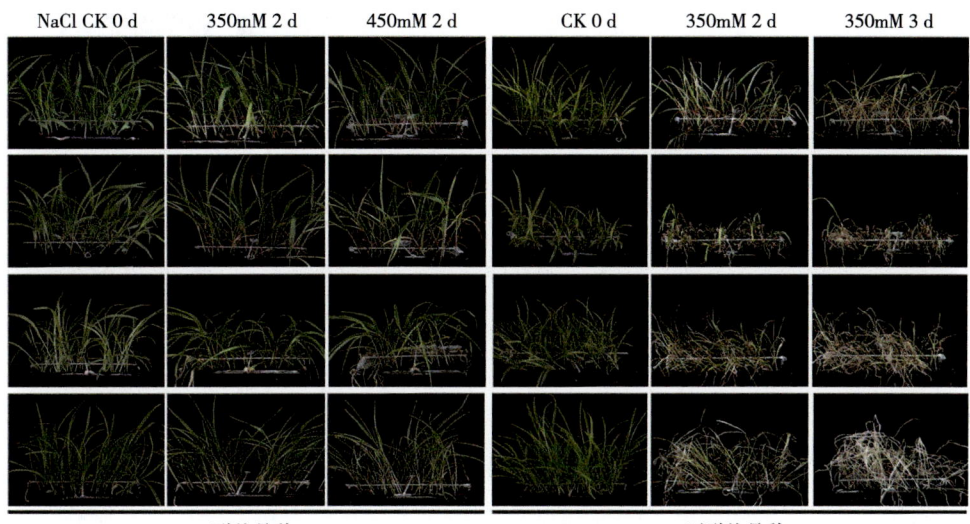

图2-3　谷子苗期的耐盐筛选

注：图中从左往右依次为0、350 mmol/L和450 mmol/L NaCl处理0和2 d后的耐盐品种表型和0、350 mmol/L和350 mmol/L NaCl处理0、2 d和3 d后不耐盐品种表型。

2.3.3　种子成分测定

植物种子中游离氨基酸的分析对确定植物种子的质量具有重要意义。同时一些氨基酸在植物中也参与其抗逆相关代谢途径，如甘氨酸可以提高植物的光合效率，增加植物抗逆性；亮氨酸可以调节光合，促进植物生长；苯丙氨酸解氨酶参与植物抗逆；脯氨酸有利于植物抵抗渗透胁迫等。

部分谷子品种的种子成分测定结果见表2-9，横向比较发现谷子种子的各成分中水分和粗蛋白干基含量最多，均占10%以上，如豫谷1号种子水分含量为12.21%，粗蛋白干基含量为12.07%。其次为含油量，占5%左右。种子成分中谷氨酸、亮氨酸和丙氨酸含量最高，它们在豫谷1号中的含量依次为1.96%、1.51%和1.1%。

纵向比较结果显示，不同谷子品种中水分含量差异不大，但各谷子品种种子中的含油量、粗蛋白、氨基酸含量存在差异，其中样品编号为478、508、

510、511、663、746、902的谷子品种种子中粗蛋白干基含量比豫谷1号及其他品种明显较高，分别为13.50%、16.25%、16.28%、15.61%、15.27%、16.06%、15.49%。谷子品种478、508、510、511、663、746、902的种子中各氨基酸，如苯丙氨酸、丙氨酸、蛋氨酸、甘氨酸、谷氨酸、胱氨酸、苏氨酸、异亮氨酸、亮氨酸和精氨酸等含量也较其他品种中的含量高。

表2-9 不同谷子品种的种子成分的测定

样本号	水分（%）	含油（%）	粗蛋白干基（%）	粗灰分（%）	苯丙氨酸（%）	丙氨酸（%）	蛋氨酸（%）	甘氨酸（%）	谷氨酸（%）	胱氨酸（%）
478	12.37	5.12	13.50	1.71	0.71	1.20	0.34	0.33	2.56	0.20
508	12.16	5.35	16.25	1.78	0.82	1.46	0.38	0.38	3.15	0.22
510	11.52	5.39	16.28	1.76	0.84	1.48	0.38	0.38	3.21	0.23
511	11.92	5.16	15.61	1.76	0.81	1.41	0.37	0.37	3.05	0.24
663	11.95	5.04	15.27	1.59	0.78	1.39	0.39	0.34	2.99	0.25
746	12.15	5.13	16.06	1.71	0.84	1.46	0.39	0.37	3.15	0.26
902	12.26	5.01	15.49	1.64	0.80	1.41	0.38	0.35	3.04	0.26
29	11.98	4.63	10.12	1.59	0.54	0.88	0.25	0.29	1.93	0.13
223	11.80	4.60	10.29	1.52	0.52	0.88	0.26	0.28	1.95	0.14
360	12.31	4.33	10.63	1.57	0.54	0.92	0.28	0.28	2.00	0.17
369	11.81	4.59	10.75	1.55	0.56	0.93	0.27	0.29	2.05	0.15
383	12.20	4.21	10.64	1.54	0.55	0.92	0.27	0.28	2.02	0.17
409	12.07	4.54	10.35	1.51	0.52	0.90	0.26	0.28	1.96	0.15
539	11.99	4.65	10.67	1.59	0.55	0.93	0.27	0.30	2.03	0.14
543	11.77	4.77	10.90	1.56	0.56	0.95	0.27	0.30	2.08	0.14
886	12.15	4.37	10.76	1.54	0.56	0.94	0.27	0.30	2.05	0.15
915	11.75	4.54	10.99	1.52	0.56	0.96	0.27	0.29	2.11	0.16
920	12.14	3.99	10.22	1.42	0.53	0.89	0.26	0.28	1.96	0.16
豫谷1	12.21	4.87	12.07	1.53	0.63	1.10	0.31	0.29	2.34	0.21

（续表）

样本号	精氨酸（%）	酪氨酸（%）	亮氨酸（%）	脯氨酸（%）	色氨酸（%）	丝氨酸（%）	苏氨酸（%）	天门东氨酸（%）	缬氨酸（%）	异亮氨酸（%）	组氨酸（%）
478	0.43	0.36	1.64	0.88	0.15	0.57	0.46	0.89	0.55	0.46	0.25
508	0.50	0.41	2.01	1.02	0.20	0.68	0.54	1.05	0.66	0.56	0.29
510	0.51	0.43	2.04	1.04	0.20	0.69	0.55	1.07	0.68	0.58	0.30
511	0.48	0.42	1.97	1.02	0.19	0.67	0.54	1.03	0.66	0.56	0.29
663	0.44	0.39	1.93	0.92	0.18	0.67	0.52	0.97	0.62	0.53	0.27
746	0.47	0.43	2.09	1.08	0.19	0.70	0.56	1.06	0.69	0.58	0.29
902	0.43	0.40	2.01	1.02	0.18	0.69	0.53	1.02	0.66	0.55	0.28
29	0.40	0.26	1.11	0.58	0.11	0.41	0.35	0.69	0.40	0.34	0.19
223	0.38	0.24	1.14	0.57	0.12	0.42	0.35	0.68	0.41	0.35	0.19
360	0.36	0.25	1.24	0.63	0.12	0.45	0.36	0.70	0.43	0.36	0.20
369	0.39	0.27	1.22	0.65	0.13	0.44	0.37	0.72	0.44	0.36	0.20
383	0.37	0.26	1.23	0.65	0.13	0.45	0.37	0.71	0.44	0.36	0.20
409	0.36	0.24	1.17	0.58	0.12	0.43	0.35	0.68	0.40	0.34	0.18
539	0.40	0.26	1.20	0.61	0.12	0.43	0.36	0.71	0.42	0.36	0.20
543	0.41	0.27	1.24	0.62	0.13	0.44	0.37	0.73	0.43	0.36	0.21
886	0.39	0.26	1.22	0.61	0.13	0.44	0.37	0.72	0.43	0.36	0.20
915	0.38	0.27	1.28	0.64	0.13	0.46	0.37	0.73	0.45	0.37	0.21
920	0.36	0.25	1.19	0.60	0.14	0.43	0.35	0.70	0.43	0.35	0.19
豫谷1	0.36	0.30	1.51	0.74	0.11	0.54	0.42	0.79	0.48	0.42	0.21

2.3.4 组织化学染色分析

盐胁迫往往会导致O_2^-的积累，会导致氧化损伤。我们使用DAB染色法对各谷子品种叶片的O_2^-积累进行分析，检测各材料中过氧化物的积累情况。在过氧化物酶存在下，3,3-二氨基联苯胺（Diaminobezidine，DAB）会被H_2O_2氧化,并产生红棕色沉淀(图2-4)。我们根据染色后的着色情况,对品种抗氧化能力进行鉴定,筛选耐受氧化胁迫的品种,作为潜在的耐盐品种。

DAB染色结果如图2-4,红棕色越深表示O_2^-的积累越多;红棕色越浅表示O_2^-的积累越少。在正常生长条件下,各品种间的着色情况无明显差异;在盐胁迫处理后,编号为BJ56、BJ67、BJ73、BJ523、BJ543、BJ663、BJ684、BJ920、BJ746、JG20的谷子品种染色较浅或基本不着色,叶片中O_2^-的积累较少,与对照组的着色情况无明显差异,说明其在盐胁迫下具有较强的过氧化物清除能力,为潜在耐盐品种;而编号为BJ584、BJ527、BJ595、BJ652、BJ653、BJ669、BJ670、BJ751、BJ934、BJ243、BJ897的谷子品种染色较深,叶片多呈深褐色,说明其在盐胁迫下O_2^-积累较多,清除ROS的能力较弱,为潜在盐敏感品种。

通过盐胁迫下抗氧化能力的鉴定,我们从92份谷子材料中筛选获得10份耐盐碱型材料,分别为秋毛羽、小早谷、钱串子、黄粟(金银保)、宽京早矮3-1-1、朱砂谷、红小谷子、济矮9号、红苗小白米、济谷20号;11份盐敏感型材料,分别为584、白谷、大黑谷、虾米腰、八斗子、柳条青、十里香、饿死猪、223、打锣锤谷、晋谷29号。该研究结果为谷子苗期耐盐碱品种的培育及盐胁迫相关机理研究提供了参考依据。

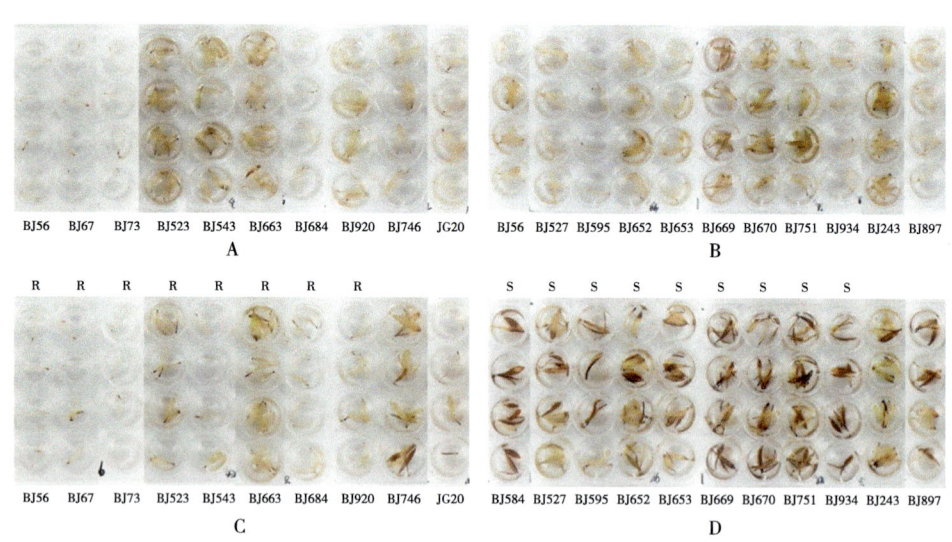

图2-4 谷子不同品种的DAB染色

注:(A)耐盐品种对照;(B)盐敏感品种对照;(C)耐盐品种200 mmol/L NaCl处理;(D)盐敏感品种200 mmol/L NaCl处理。

2.3.5 部分胁迫相关生理指标测定

植物细胞内物质的保持需要维持膜的完整性。电导率即电解质外渗量，可表示植物细胞膜受害程度。不同谷子品种的电导率测定结果如图2-5（A）所示，结果显示，盐胁迫下不同品种的电导率均增大，这是由于当植物处于逆境条件下时，膜的完整性会受损（可恢复性或永久性），细胞膜的渗透性就会增加，导致细胞中水溶性物质外渗出来。细胞损伤越严重，电解质外渗越多。不同品种的电导率变化对NaCl胁迫的反应不同，其中BJ663和BJ508在盐处理24 h和48 h下的电导率较BJ243和BJ934低一些，尤其是在盐处理48 h时。说明盐胁迫下谷子品种BJ663和BJ508的细胞膜受伤害程度较小，耐盐性较好。

植物盐胁迫下通常引起膜脂过氧化，通过检测MDA的水平即可检测脂质氧化的水平。在高温和高酸环境下，MDA与硫代巴比妥酸缩合，产生的红棕色物质在532 nm处有最高吸收峰，同时测定600 nm处的吸光值，根据两者差值进行丙二醛含量计算。不同谷子品种的MDA含量的测定结果（图2-5B）表明，盐胁迫下不同品种丙二醛含量均升高，其中BJ934的MDA含量比其他品种明显较高，BJ243次之，说明谷子品种BJ934和BJ243在盐处理下过氧化程度严重，对盐胁迫较敏感。

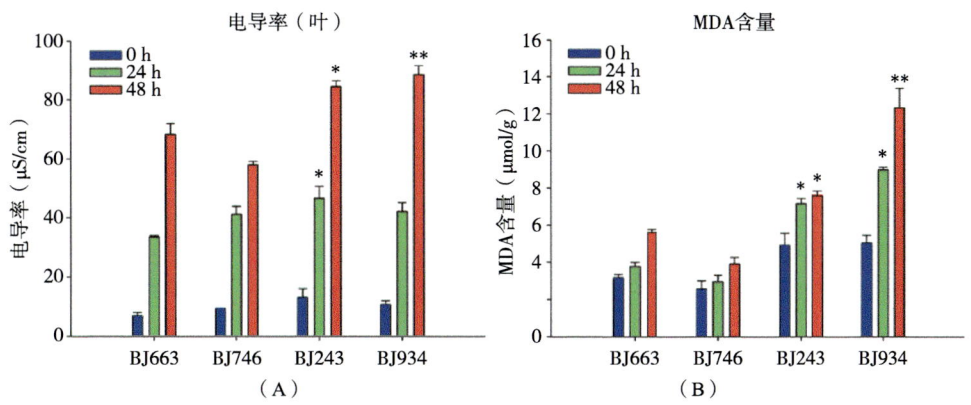

图2-5 不同谷子品种电导率、丙二醛含量的测定

注：（A）350 mmol/L NaCl处理0 h、24 h、48 h后不同谷子品种的电导率；
（B）350 mmol/L NaCl处理0 h、24 h、48 h后不同谷子品种的MDA含量；
*在$P<0.05$水平上差异显著（$n=3$）**在$P<0.01$水平上差异显著（$n=3$）。下同。

GST即谷胱甘肽S-转移酶，是体内解毒酶系统的重要组成部分，是具有多种生理功能的蛋白质家族，主要存在于细胞质内。GST催化GSH和CDNB结合，其产物在340 nm处具有特征光吸收。在盐胁迫下各品种谷子的GST活性均有升高，而后降低，升高程度因品种不同而异，其中BJ746升高值最大〔847.78 nmol/（min·g）〕，BJ934升高值最小〔638.32 nmol/（min·g）〕。虽然各品种GST活性均有所升高，但其升高值因品种而变化较大，其中BJ663和BJ746盐胁迫下的GST活性较其他品种略高，耐盐性较好（图2-6A）。

POD通过催化H_2O_2氧化特定底物，并在470 nm处具有光吸收峰，因此测定470 nm处的吸光值上升率，即可计算出POD活性。在盐胁迫条件下各品种POD活性中（图2-6B），BJ746的POD活性较其他品种明显较高，BJ663次之，BJ934的POD活性最小。因此，推测BJ663和BJ746具有较强的清除过氧化物能力，使得其可能具有较强的盐胁迫耐性。

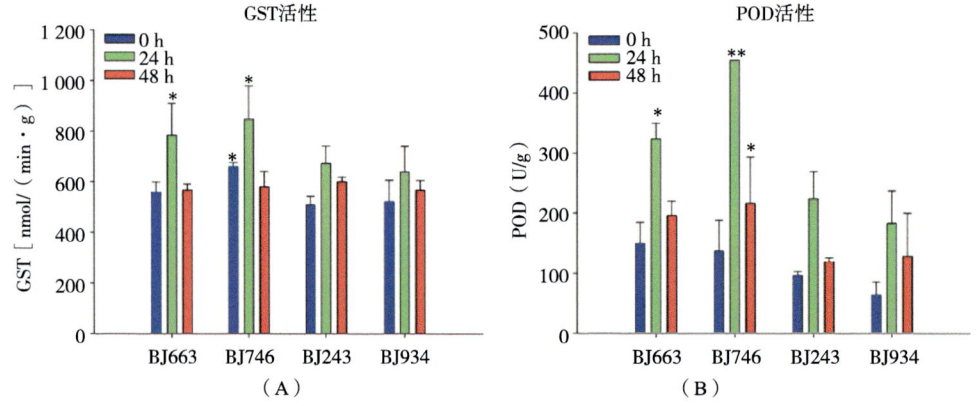

图2-6　不同谷子品种抗氧化酶活性的测定

注：（A）350 mmol/L NaCl处理后不同谷子品种的GST活性；（B）350 mmol/L NaCl处理后不同谷子品种的POD活性；不同颜色表示不同处理时间：蓝色，0 h；绿色，24 h；红色，48 h。

2.4　讨论

盐碱地是世界性的热点问题，严重制约作物的生长发育和产量。谷子主要生长在我国的北方地区，曾经是我国的主要农作物。随着农业结构调整，谷子种植逐渐向南方地区转移。由于谷子种植的种植劳动成本高、种植分散、规模化生产劣势，我国谷子播种面积呈下降趋势。近年来随着人们生活水平的提高，对健康也越来越重视，社会和市场对谷子的需求逐步增大，因此，加大和完善对谷子的培育和研究也受到了人们的关注。谷子因具有抗干旱、耐贫瘠、生长发育周期短、基因组小等特点，慢慢成为基础研究的模式植物。然而，关于谷子种质资源的鉴定和耐盐机理的研究却很少。因此，提高谷子耐盐碱性、筛选谷子耐盐碱品种，对于提高谷子产量和保障国家粮食安全有十分重要的意义。

耐盐品种的选育通常采用直接鉴定法和间接鉴定法两种方法。直接鉴定法主要是对植物的盐胁迫下表型分析、形态和产量鉴定；间接鉴定法是对植物电导率、抗氧化酶活性、丙二醛含量等生理指标的测定，来分析评价植物耐盐性的强弱。本研究通过鉴定谷子的性状表型差异、在对照和盐处理条件下的生长发育表型差异、抗氧化能力及部分关键生理生化指标变化等，筛选耐盐性谷子，为盐碱地的开发和利用提供了优质种质资源。

本试验首先对不同地区收集的谷子材料进行了田间表型性状的分析，结果表明各品种间穗型差异显著，抽穗期变化在35～57 d不等，通过对不同谷子品种的田间表型调查，包括谷子叶鞘色、幼苗叶色、幼苗叶姿、开花期叶姿、主茎长度、穗茎形状、主茎直径、主穗长度、主穗直径、穗松紧度、谷码密度、穗形和刺毛长度等13个质量和数量性状进行测定，为实际育种工作提供了参考。

直接鉴定耐盐作物涉及在实验室使用不同浓度的盐溶液对植物进行处理，主要是对植物的生长情况及植株表型变化等进行耐盐性检测，是研究耐盐种质最基本的途径。我们以942份核心种质群体为研究材料，选用350 mmol/L NaCl溶液的盐胁迫条件，对这个群体进行苗期耐盐性的初步筛选和鉴定。结果表明耐盐品种较对照略有差异但不显著；不耐盐品种植株干枯明显，较对照矮小。我们根据不同品种胁迫下的生长发育表型变化，筛选获得耐盐和盐敏感谷子种质92份。其中，耐盐品种56份，盐敏感品种36份。

耐盐作物的间接鉴定一般采用生理生化鉴定的方法，通过测量植物生理和代谢过程中一些生理生化指标的变化状况来鉴定作物的耐盐程度。研究显示，当植物受到盐胁迫环境时，与代谢有关的酶和生物大分子随着盐的浓度而增加。目前，抗氧化酶活性已然成为植物耐盐能力的鉴定方法。我们通过比较不同品种盐处理下的叶片抗氧化能力情况，筛选耐受氧化胁迫的品种，作为潜在的耐盐品种。结果表明耐盐品种DAB染色较浅；敏感品种染色较深，叶片多呈深褐色，因此我们筛选获得耐盐和盐敏感谷子材料21份。

综上所述，我们筛选出10份耐盐型材料，分别为秋毛羽、小早谷、钱串子、黄粟（金银保）、宽京早矮3-1-1、朱砂谷、红小谷子、济矮9号、红苗小白米、济谷20号；11份盐敏感型材料，分别为584、白谷、大黑谷、虾米腰、八斗子、柳条青、十里香、饿死猪、223、打锣锤谷、晋谷29号。该研究结果为谷子苗期耐盐品种的培育及耐盐胁迫相关机理研究提供了参考依据。

同时，我们对筛选出的部分品种进行盐胁迫下的叶片细胞透性的变化情况比较、丙二醛含量测定及POD、GST等抗氧化酶活的测定，结果表明，耐盐品种在所选取的3个时间点的电导率和MDA含量均比敏感品种低，GST和POD抗氧化酶活性均比敏感品种高，说明其盐胁迫下细胞膜受伤害程度较小，膜脂过氧化的程度也相对较低，活性氧的代谢能力较强，因此耐盐性更强。以上测定结果与前期筛选结果一致，也验证了抗氧化染色筛选的结果。显示抗氧化染色可作为作物品种耐盐能力初期筛选的方法进行使用。

第3章
谷子不同品种的转录组学分析

盐胁迫下转录组水平的研究对揭示植物耐盐性的机制具有十分重要的意义[112]。随着科学技术的发展与进步，转录组测序实现了规模化、自动化、高通量，现已在多种植物中广泛应用于盐胁迫相关基因筛选和挖掘的研究中[113]。

为了揭示谷子耐盐分子机制，筛选出谷子盐胁迫应答相关基因，本研究利用高通量测序技术，以谷子耐盐种质BJ663（NY1）和盐敏感种质BJ652（MG1）、BJ934（MG2）为研究材料，对盐胁迫下的谷子叶片进行了比较转录组学分析。

3.1 试验材料

3.1.1 植物培养与胁迫处理

从谷子不同品种的抗氧化染色结果中选取耐盐性差异明显的耐盐种质BJ663（NY1）和盐敏感种质BJ652（MG1）、BJ934（MG2），将其播种于统一标准的96孔播种盒中，放到普通光照培养箱中，于28℃、光周期（光照/黑暗）8 h/16 h条件下培养2周，至三叶期。

谷子长至三叶期时，处理组用1/2水稻水培营养液配置的250 mmol/L NaCl胁迫12 h，对照组仍用1/2水稻水培营养液培养，取叶片用DEPC-H_2O将材料表面的灰尘或泥土快速清洗干净，使用无尘纸将液体吸干，将组织放入RNase-free的EP管中，每管200 mg左右，准确标记，立即用液氮冷冻，于-80℃保存备用。由北京博云华康基因科技有限公司进行转录组分析。

3.1.2 试验设计流程

首先把细胞中的所有转录产物进行反转录，构建cDNA文库（利用最新购SS技术可略去这一步，对RNA可直接进行测定），然后随机剪切cDNA文库中的DNA为片段，在cDNA两边添加接头后，通过测序得到足够多的序列，将得到的序列通过比对形成全基因组范围的转录[114]。

3.1.3 试验试剂与仪器

主要试剂：氯仿、异丙醇、无水乙醇（均购于国药集团化学试剂有限公司）、PCR引物（擎科生物技术有限公司合成）、LightCycler®480SYBR Green I Master（北京全式金生物技术有限公司）、无RNase的水或0.5%SDS溶液。

3.2 试验方法

3.2.1 RNA文库构建及转录组测序数据分析

谷子幼苗总RNA用试剂盒[Total RNA Isolation Kit（China）]提取。检测结果达到要求后分别取3 μg的RNA，用试剂盒构建文库。用带有Oligo（dT）的磁珠富集带有polyA尾的mRNA，随后加入fragmentation buffer使mRNA片段成为短片段。合成并纯化双链cDNA后添加接头，然后进行PCR扩增并纯化。

建库成功后，使用高通量测序仪进行测序。其得到的数据经CASAVA碱基识别（Base Calling）分析转化为Raw Data。数据分析之前去除不稳定性数据。后续的分析都是基于Clean Reads进行。

使用HISAT将Clean Reads对比谷子参考基因组，再用StringTie对每个样品进行转录本组装[115]，然后利用完整的参考序列进行分析。通过FPKM将不同样本的基因表达水平进行比较，使用RSEM计算不同样本基因和转录本的表达水平。

3.2.2 差异表达基因筛选及功能富集分析

我们采用Possion Dis进行检测并筛选|log2（FoldChange）|>1&qvalue<0.05的基因。GO（http://www.geneontology.org/）是有向无环图的注释系统，由生

物学过程、分子功能和细胞组分3个部分构成。根据ID对应或者序列比对将基因或蛋白质对应到相应GO编号，利用该编号可以找到Term。通过差异基因检测结果，我们对其进行GO富集分析。

KEGG数据库是一个集基因组、化学和系统功能信息于一体的数据库。其中，有关代谢途径的信息存储在KEGG PATHWAY中。KEGG PATHWAY是一个全面、大型、综合的数据库，数据库图形方式显示细胞的细胞生化过程，如新陈代谢、膜转运、信号传递和细胞周期子通路。我们针对KEGG代谢通路数据库中第二层的分类，统计差异表达基因在这一层分类里的数目，利用KEGG Pathway分析差异表达基因参与的重要生理生化反应过程和信号传导途径。

我们对不同样本间的差异基因进行层次聚类分析，然后分别分析各组间的交集和并集差异基因。为分析基因在不同处理条件下的表达模式，首先选取一个样品作为对照，用其他样品的基因的表达量（FPKM）除以对照样品的表达量得到变化的倍数然后取log2值，然后对标准化的值进行K-means聚类分析。

3.3 试验结果

3.3.1 测序数据质控和过滤

对耐盐型和盐敏感型谷子品种进行盐胁迫处理，并与对照（未经盐胁迫处理）一起进行二代转录组测序。利用Cutadapt去除3′端接头序列（接头污染）、未知碱基N含量大于5%的Reads和除去平均质量分数低于Q30的Reads，统计结果表3-1所示。所有样本的数据质量Q30均分布在92.00%~94.39%。

表3-1　mRNA-seq质控统计汇总

样本	Clean Reads（M）	Clean Bases（G）	Q20（%）	Q30（%）	GC（%）	读长（bp）
NY1-C	47.423 4 M	7.113 5 G	97.39	92	56.45	150
NY1-T	46.523 9 M	6.978 6 G	97.42	92.29	56.58	150
MG1-C	47.978 9 M	7.196 8 G	97.32	92.11	56.88	150
MG1-T	46.790 5 M	7.018 6 G	98.11	94.39	56.13	150
MG2-C	45.145 4 M	6.771 8 G	97.43	92.46	56.34	150

（续表）

样本	Clean Reads（M）	Clean Bases（G）	Q20（%）	Q30（%）	GC（%）	读长（bp）
MG2-T	45.645 8 M	6.846 9 G	97.53	92.55	56.47	150

注：NY1-C为耐盐品种BJ663对照组；NY1-T为耐盐品种BJ663 250 mmol/L NaCl处理组；MG1-C为盐敏感品种BJ652对照组；MG1-T为盐敏感品种BJ652 250 mmol/L NaCl处理组；MG2-C为盐敏感品种BJ934对照组；MG2-T为盐敏感品种BJ934 250 mmol/L NaCl处理组。

3.3.2 利用差异表达分析挖掘DEGs

以已知谷子全长转录本序列为参考，将预测的有蛋白质编码潜能的新转录本添加到谷子参考基因组中，以获得完整的参考序列信息。然后使用Bowtie2将Clean Reads对比到这个参考序列中，之后再使用RSEM对转录本和基因的表达水平进行计算。

本研究通过Bowtie把Clean Reads对比加入新转录本后的参考基因序列（区别于参考基因组），然后用RSEM分析基因和转录本的表达水平。计算每个样本中不同表达水平的基因数量和百分比，FPKM数值0.1或1是判断基因能否表达的阈值（图3-1）。其中NY1为耐盐品种BJ663，MG1为盐敏感品种BJ652，MG2为盐敏感品种BJ934。对照组用NY1-C、MG1-C、MG2-C表示，处理组用NY1-T、MG1-T、MG2-T表示。

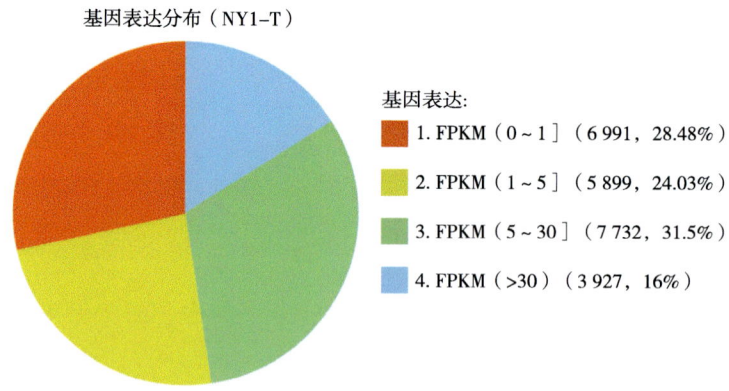

图3-1 不同品种在不同表达水平下的基因数目及百分比

注：把基因表达FPKM值分为4个等级，统计不同样本各个等级下的基因数量及所占比例。

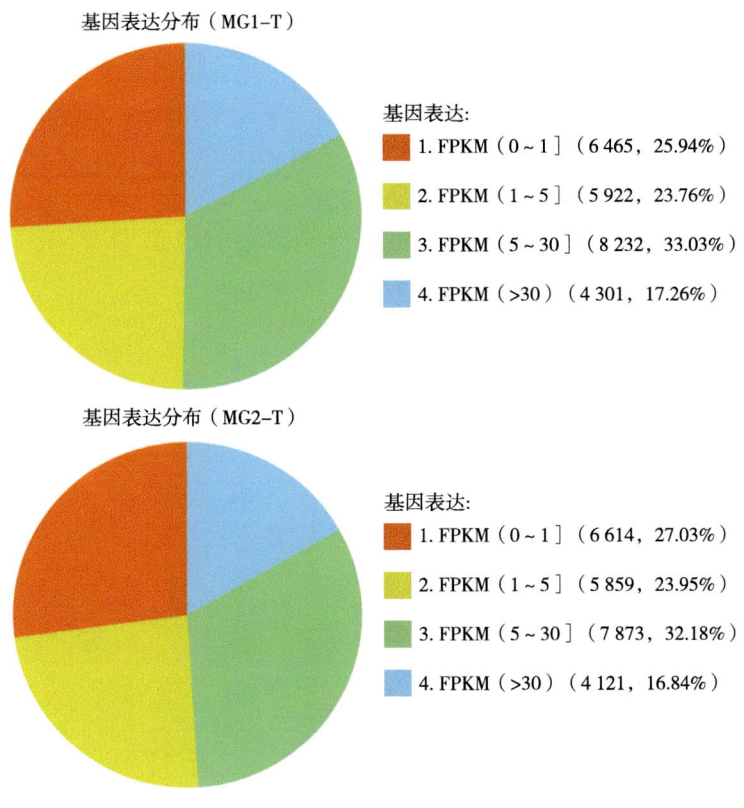

图3-1 （续）

依据基因的差异表达情况绘制每个样本基因表达量violin图，各个区域的violin图对应5个统计量（自下而上分别为最小值，下四分位数，中值，上四分位数及最大值），各个violin的宽度代表了该表达量上的基因数量，展示了样本中所有基因表达的模式（图3-2）。根据violin图对不同处理条件下基因的表达水平进行对比。由图可知，在盐胁迫下，低表达和中等表达的基因所占比例偏多，高表达的基因所占比例小（图3-2）。

相似度高的基因表达样本可以通过PCA分析聚到一起，两个样本之间的相距越大，样本间的基因表达相似性越低。反之，表示对应的样本基因表达越接近，相似性越高。为进一步分析每个样本差异基因的表达情况，本研究通过使用R语言的DESeq软件包，对各个样本进行PCA分析（图3-3）。结果表明，对照组NY1-C、MG1-C、MG2-C和处理组的样本NY1-T、MG1-T、MG2-T各聚为一类，耐盐型和盐敏感型谷子的相距很远，说明两者的基因表达情况差异较大（图3-3）。对于盐敏感型谷子，MG1-C与MG2-C相距较近，说明MG1-C和MG2-C基因表达水平大体相近；MG1-T和MG2-T相距非常近，它们与耐盐型（NY1-T）相距很远，这表明MG1-T和MG2-T基因表达水平相似，然而和NY1-T的基因表达情况相差甚远。对于处理组NY1-T、MG1-T、MG2-T，它们与对照组（NY1-C、MG1-C、MG2-C）相距非常远，说明它们与对照组基因表达情况差距非常大（图3-3）。

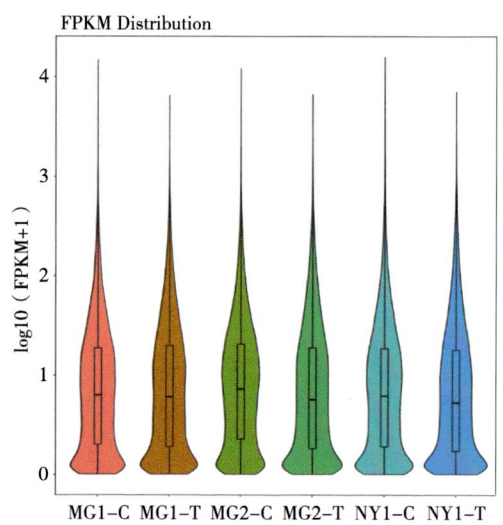

图3-2　样本基因表达量的violin图

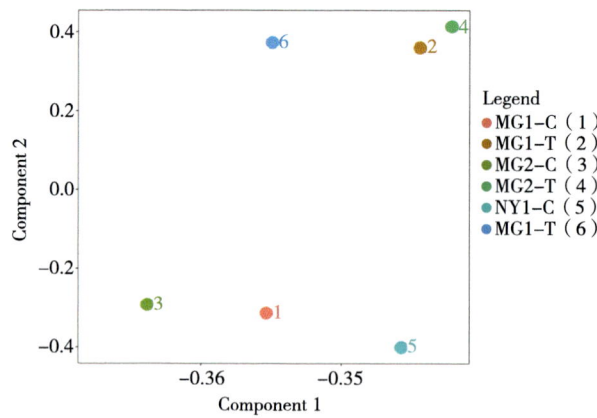

图3-3　谷子品种间样本PCA分析

注：横轴为第一主成分的贡献率，纵轴为第二主成分的贡献率。点代表每个样品，不同样本用不同颜色表示。

我们采用Possion Dis算法进行检测，并筛选差异表达倍数|log2（Fold Change）|>1，并且显著性q值<0.001的基因。由图3-4显示，与对照组NY1-C对比，NY1-T中显著上调的基因数量有4 123，显著下调有4 015；和对照组MG1-C相比，MG1-T中显著上调的基因数量有3 303，显著下调有3 430；和对照组MG2-C相比，MG2-T中显著上调的基因数量有2 972，显著下调有5 913。盐处理前，与NY1-C相比，MG1-C和MG2-C中明显上调的基因数目分别有3 056和5 047，明显下调分别有947和1 134。另外，通过相同盐处理的不同谷子品种间的对比发现，MG1-T和NY1-T相比，显著上调表达和下调表达的基因数目分别有2 326、1 047；MG2-T和NY1-T相比，显著上调表达和下调表达的基因数目分别有1 415、979（图3-4）。

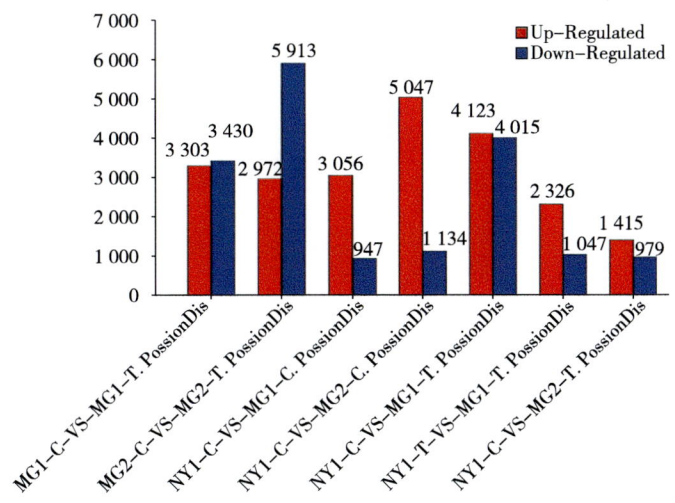

图3-4　不同谷子品种盐胁迫下差异表达基因数目

利用韦恩图进行分析，比较不同谷子品种盐胁迫下的差异表达基因情况（图3-5），结果表明，处理组对比对照组，NY1和MG1共同的差异基因数目是24 546，特有的差异基因数量分别为1 067和1 768；NY1和MG2共有的差异基因数量为24 496，特有的差异基因数量分别为1 117和1 745。将所有对照组和处理组的DEGs进行分析（图3-6），结果表明，未进行盐胁迫组NY1-C对比MG1-C特有DEGs数量为318，NY1-C对比MG2-C特有DEGs数量为344。盐处理组NY1-T和MG1-T特有DEGs数量为339，NY1-T和MG2-T的DEGs数量为290，所有对照和处理组共有的差异表达基因数目为23 640。

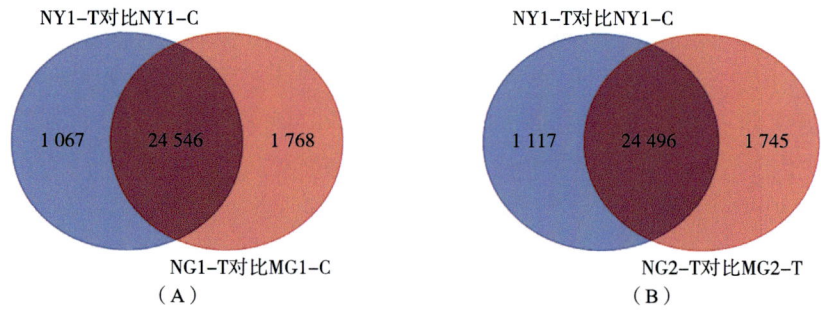

图3-5 不同谷子品种盐胁迫前后差异表达基因的韦恩图分析

（A）NY1-T对比NYI-C差异基因与MG1-T对比MG1-C差异基因；
（B）NY1-T对比NYI-C差异基因与MG2-T对比MG2-C差异基因。

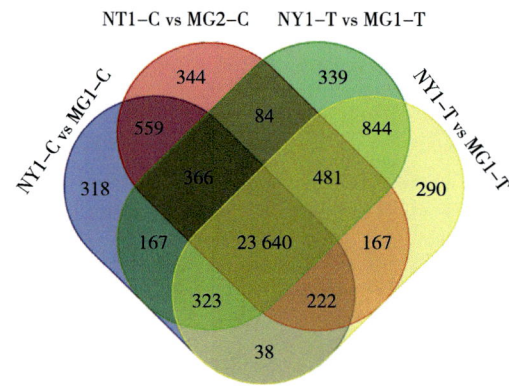

图3-6 盐胁迫下耐盐型和盐敏感型谷子品种之间的差异表达基因的韦恩图

3.3.3 差异基因GO功能富集分析

分别将对照和盐处理的两组谷子进行GO富集分析（图3-7），结果表明，NY1-T对比NYI-C、MG1-T对比MG1-C和MG2-T对比MG2-C的DEGs主要富集GO条目数按分子功能分类分别为12、10、19；按细胞组成分类分别为30、22、28；按生物过程分类分别为46、30、31（P值<0.05）。NY1-T对比NYI-C显著富集的GO条目为："有机酸代谢""含氧酸代谢""小分子代谢""羧酸代谢""光合作用""有机氮化合物合成""酰胺代谢""酰胺合成""肽代谢过程""生物合成过程""蛋白质翻译过程""肽生物合成过程""氨基酸代谢""有机物合成""光合作用的负调节，光反应"等。

第 3 章 谷子不同品种的转录组学分析

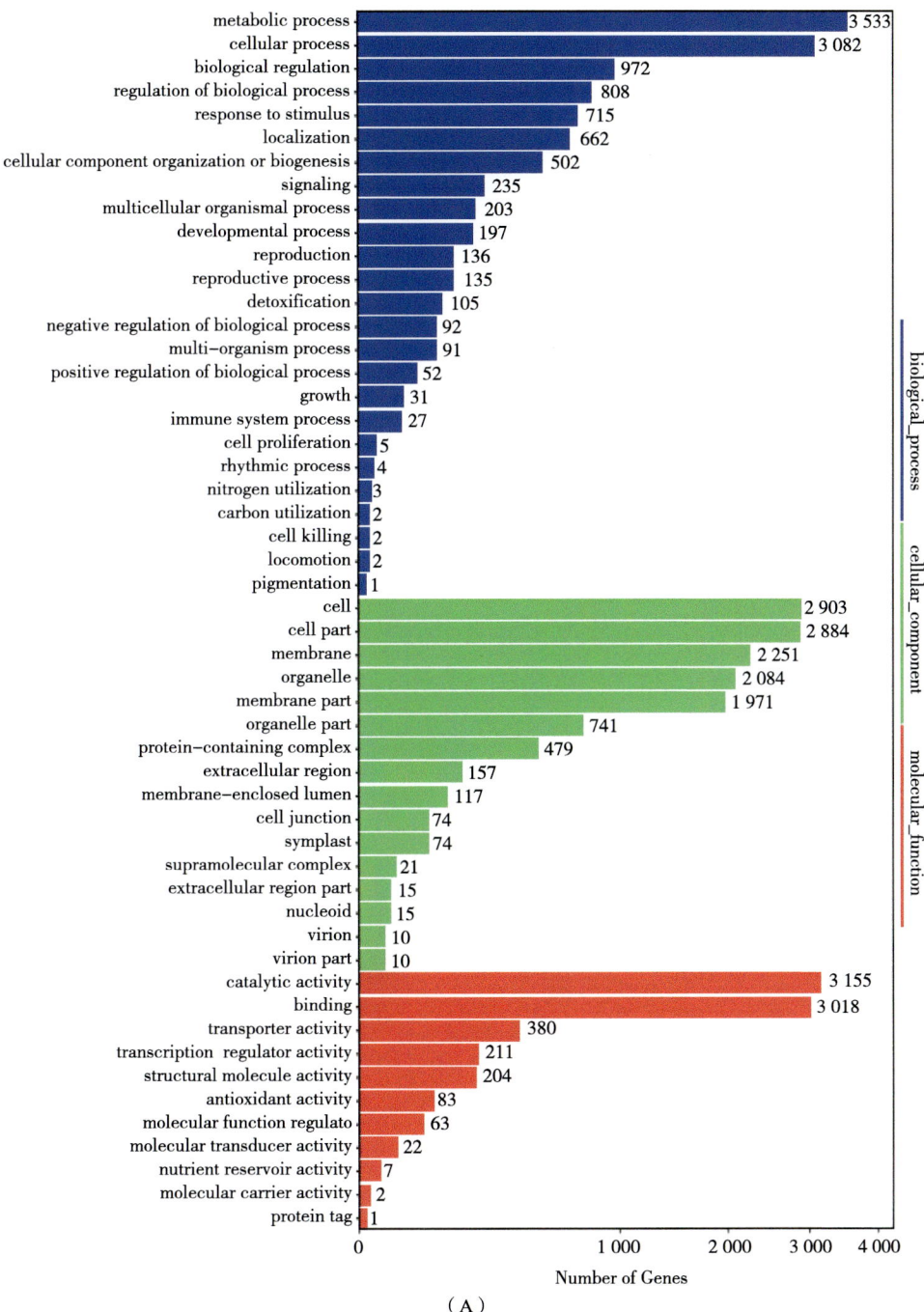

图3-7 盐胁迫前后耐盐型和盐敏感型谷子的差异表达基因GO富集分析

注：（A）NY1-T对比NY1-C；（B）MG1-T对比MG1-C；（C）MG2-T对比MG2-C。

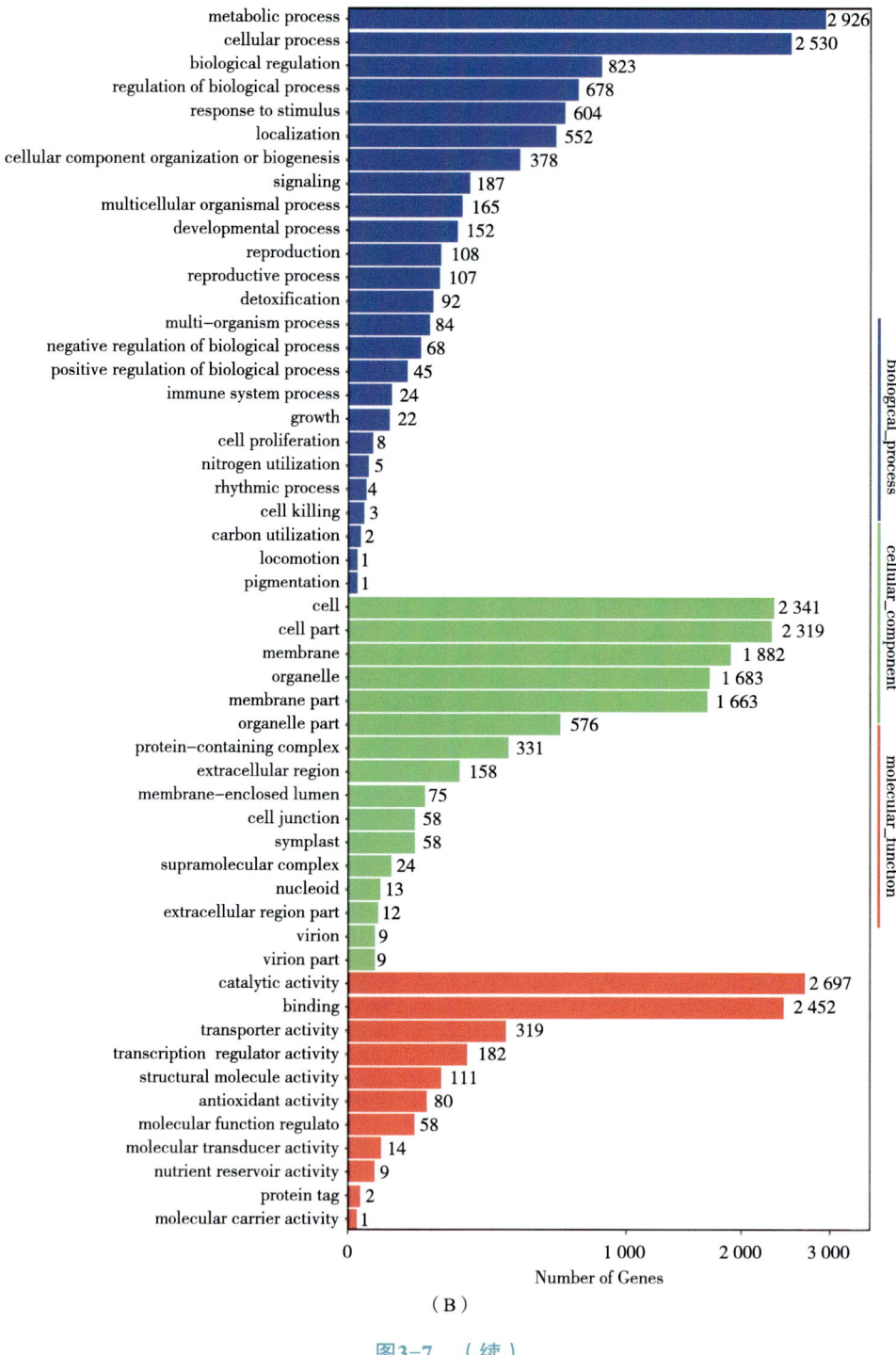

图3-7 （续）

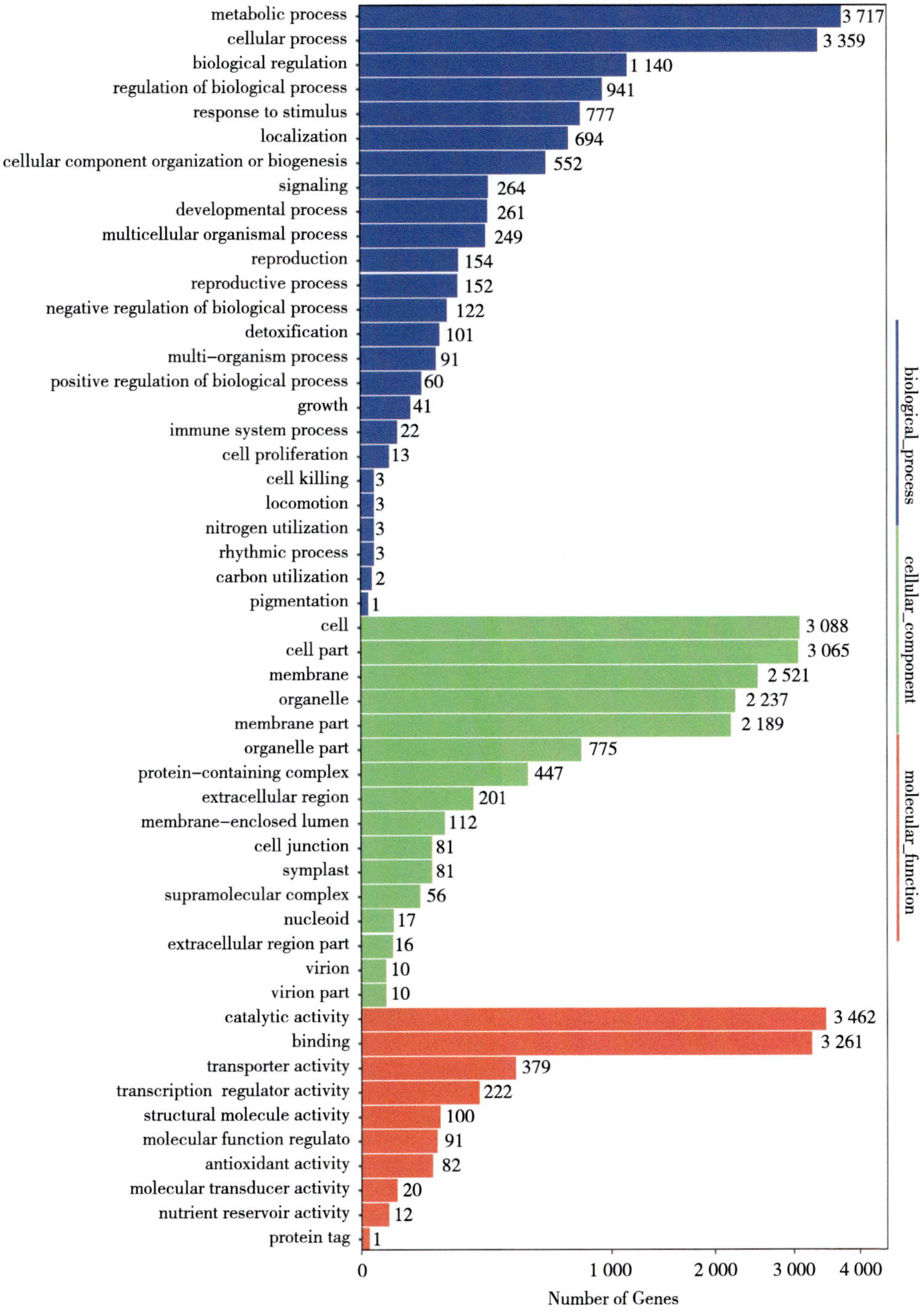
metabolic process
cellular process
biological regulation
regulation of biological process
response to stimulus
localization
cellular component organization or biogenesis
signaling
developmental process
multicellular organismal process
reproduction
reproductive process
negative regulation of biological process
detoxification
multi–organism process
positive regulation of biological process
growth
immune system process
cell proliferation
cell killing
locomotion
nitrogen utilization
rhythmic process
carbon utilization
pigmentation
cell
cell part
membrane
organelle
membrane part
organelle part
protein–containing complex
extracellular region
membrane–enclosed lumen
cell junction
symplast
supramolecular complex
nucleoid
extracellular region part
virion
virion part
catalytic activity
binding
transporter activity
transcription regulator activity
structural molecule activity
molecular function regulato
antioxidant activity
molecular transducer activity
nutrient reservoir activity
protein tag
3 717
3 359
1 140
941
777
694
552
264
261
249
154
152
122
101
91
60
41
22
13
3
3
3
3
2
1
3 088
3 065
2 521
2 237
2 189
775
447
201
112
81
81
56
17
16
10
10
3 462
3 261
379
222
100
91
82
20
12
1
0
1 000
2 000
3 000
4 000
Number of Genes
biological_process
cellular_component
molecular_function

（C）

图3-7 （续）

MG1-T对比MG1-C显著富集的GO条目为："小分子代谢""有机酸代谢""含氧酸代谢""羧酸代谢""氧化还原""碳水化合物代谢""光合作用""光合作用，光收集""光合作用的负调节，光反应""细胞氨基酸代谢过程""质体组织""卟啉化合物代谢过程""四吡咯代谢过程"等。

MG2-T对比MG2-C显著富集的GO条目为："质体组织""基于微管的过程""小分子代谢过程""细胞或亚细胞成分的运动""有机酸代谢""叶绿体组织""光合作用""四吡咯代谢过程""卟啉化合物生物合成过程""四吡咯生物合成过程"等。

对盐处理前后的耐盐型和盐敏感型谷子进行品种间GO富集分析（图3-8）。NT1-C对比MG1-C显著富集的GO条目主要有："碳水化合物代谢过程""基于微管的过程""氧化还原过程""药物分解代谢过程""过氧化氢分解代谢""过氧化氢代谢""细胞碳水化合物代谢过程"。

NT1-C对比MG2-C显著富集的GO条目主要有："细胞壁组织或生物发生""基于微管的运动""碳水化合物代谢过程""蛋白质磷酸化""细胞壁大分子代谢过程""含氨基葡萄糖的化合物分解代谢过程""氨基聚糖代谢过程"。

NY1-T对比MG1-T显著富集的GO条目主要有："细胞碳水化合物代谢过程""细胞多糖代谢过程""有机酸代谢过程""次生代谢过程""次生代谢物合成""小分子代谢""细胞葡聚糖代谢过程""一元羧酸代谢过程"。

NY1-T对比MG2-T显著富集的GO条目主要有："氧化还原过程""蛋白质磷酸化""磷酸化""次生代谢物生物合成过程""次生代谢""苯丙烷代谢""芳香族氨基酸家族代谢""羧酸代谢""含氧酸代谢""有机酸代谢"。

综上，耐盐品种和敏感品种GO富集结果相差较大，它们对盐胁迫的响应模式具有明显的差异。盐胁迫下，耐盐品种应答胁迫的代谢途径主要有"有机酸代谢""小分子代谢""有机氮化合物合成"和"酰胺生物合成"。可能的原因是，为了保持内环境的稳定，其生长发育相关代谢被抑制，抗逆相关代谢途径被激活。盐敏感品种MG1-T与MG2-T应答胁迫的共同代谢途径主要有"碳水化合物代谢""光合作用""质体组织"和"基于微管的运动"等。这表明，盐处理后敏感品种中抗盐相关代谢被激活，但生长发育相关的代谢也被激活,因此生命活动受到严重的干扰。

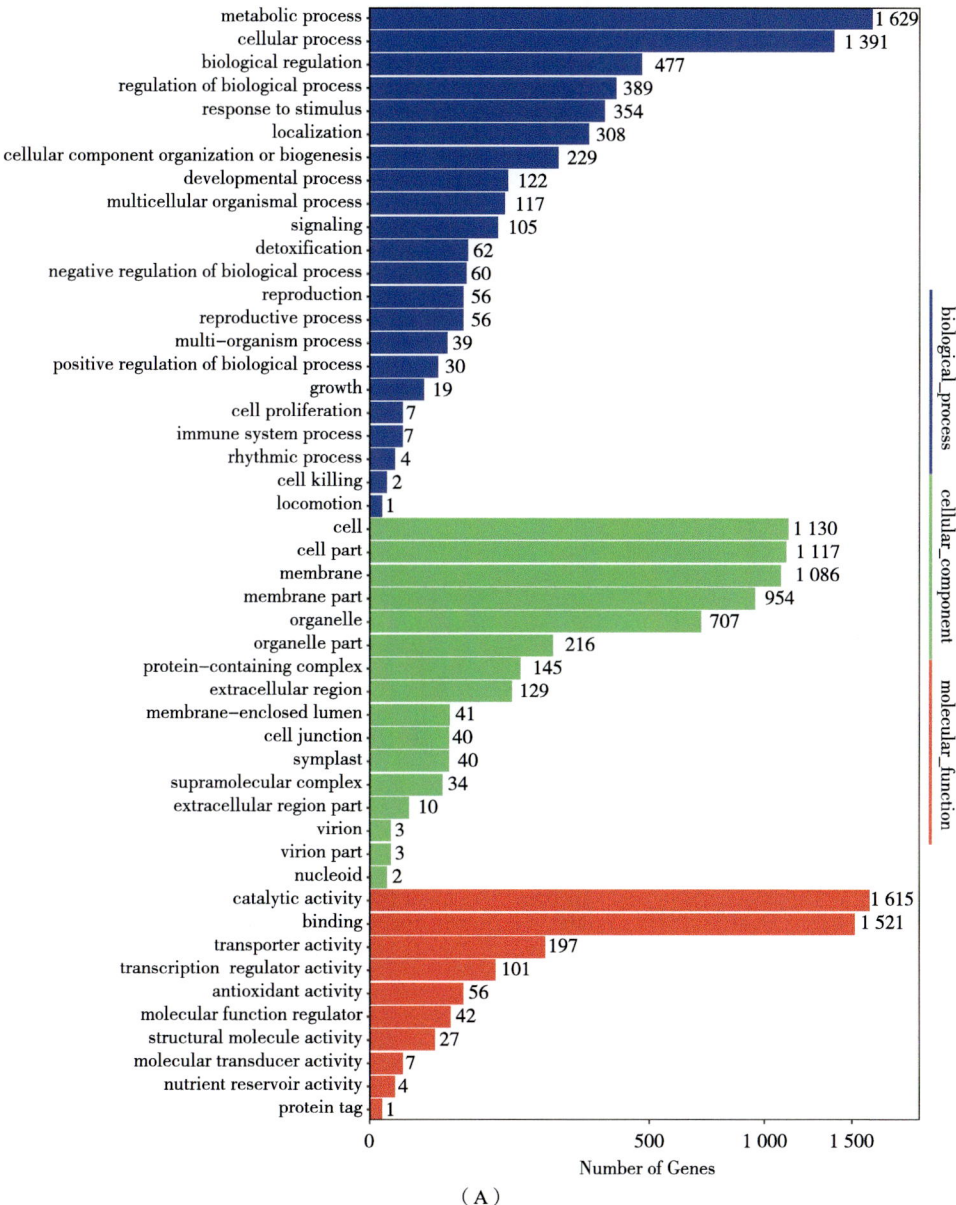

图3-8　盐胁迫条件下耐盐型和盐敏感型谷子之间的差异表达基因GO富集分析

注：（A）NT1-C对比MG1-C；（B）NT1-C对比MG2-C；
（C）NY1-T对比MG1-T；（D）NY1-T对比MG2-T。

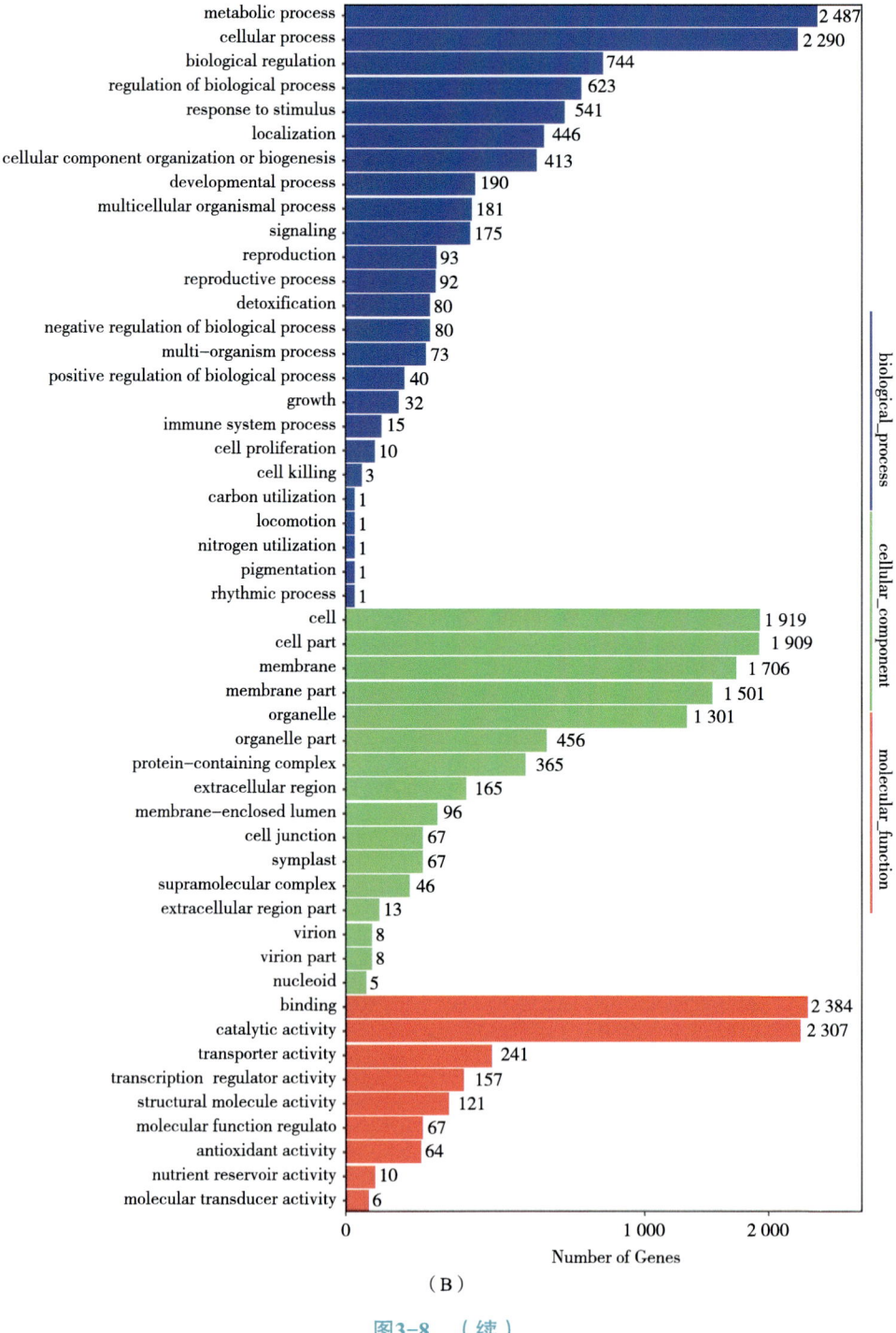

图3-8 （续）

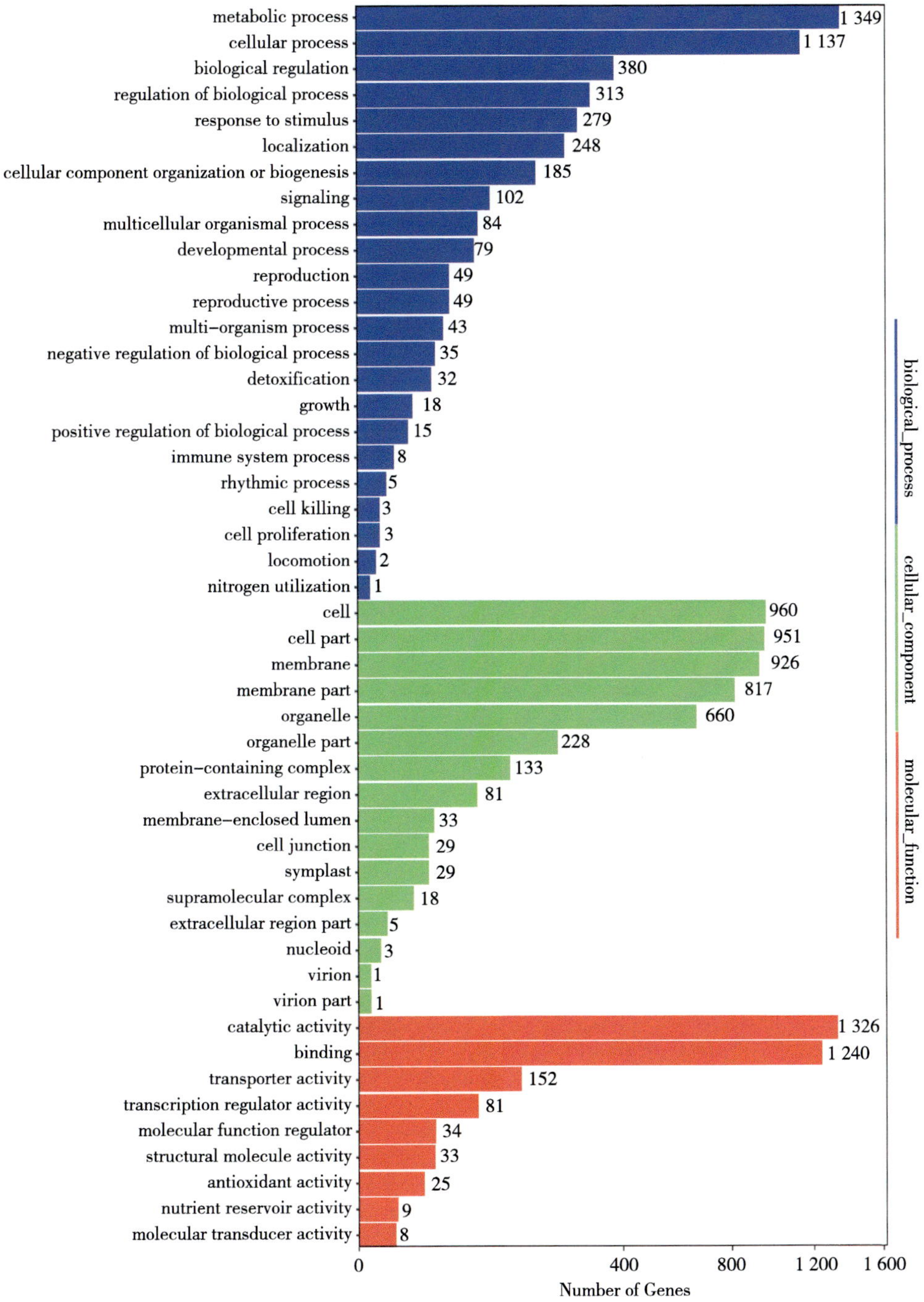
metabolic process
cellular process
biological regulation
regulation of biological process
response to stimulus
localization
cellular component organization or biogenesis
signaling
multicellular organismal process
developmental process
reproduction
reproductive process
multi−organism process
negative regulation of biological process
detoxification
growth
positive regulation of biological process
immune system process
rhythmic process
cell killing
cell proliferation
locomotion
nitrogen utilization
cell
cell part
membrane
membrane part
organelle
organelle part
protein−containing complex
extracellular region
membrane−enclosed lumen
cell junction
symplast
supramolecular complex
extracellular region part
nucleoid
virion
virion part
catalytic activity
binding
transporter activity
transcription regulator activity
molecular function regulator
structural molecule activity
antioxidant activity
nutrient reservoir activity
molecular transducer activity
1 349
1 137
380
313
279
248
185
102
84
79
49
49
43
35
32
18
15
8
5
3
3
2
1
960
951
926
817
660
228
133
81
33
29
29
18
5
3
1
1
1 326
1 240
152
81
34
33
25
9
8
0
400
800
1 200
1 600
Number of Genes
biological_process
cellular_component
molecular_function
（C）

图3-8　（续）

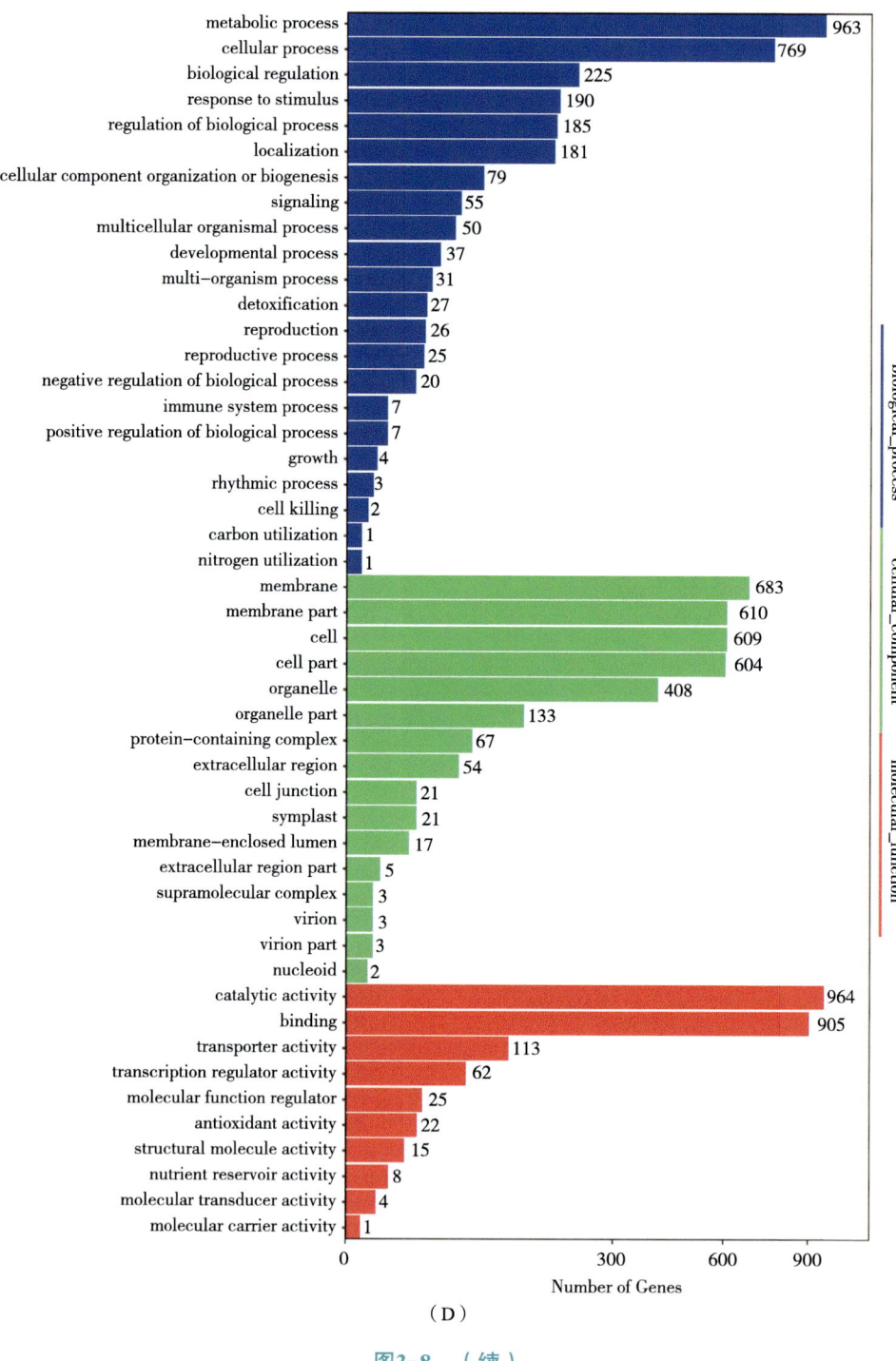

图3-8 （续）

3.3.4 差异基因KEGG Pathway显著性富集分析

为得到盐胁迫前后的差异代谢通路，分别对耐盐型和盐敏感型谷子品种的DEGs开展KEGG功能富集分析（图3-9），结果发现，与对照组NY1-C相比，NY1-T中显著富集到的代谢通路数为37（P值<0.05）。NY1-T的差异代谢途径有：次生代谢物的合成、代谢途径、ABC转运、光合作用、碳代谢、氨基酸合成、脂肪酸代谢、脂肪酸降解、精氨酸生物合成、α-亚麻酸代谢、类胡萝卜素生物合成、过氧化物酶体、酪氨酸代谢、糖酵解/糖异生、甘油磷脂代谢、2-氧代羧酸代谢、油菜素内酯生物合成。

与对照组MG1-C相比，MG1-T显著富集到的代谢通路的数量为44（P值<0.05）。MG1-T的差异代谢途径有：次生代谢物的合成、代谢途径、氨基酸合成、过氧化物酶体、碳代谢、糖酵解/糖异生、淀粉和蔗糖代谢、卟啉和叶绿素代谢、氨基糖和核苷酸糖代谢、苯丙烷生物合成、光合作用、苯丙氨酸代谢、酪氨酸代谢、甘油酯代谢、磷酸戊糖途径、氰基氨基酸代谢、2-氧代羧酸代谢、甘油磷脂代谢、丙氨酸，天冬氨酸和谷氨酸代谢、脂肪酸降解、昼夜节律-植物、光合生物中的碳固定。

与MG2-C相比，MG2-T显著富集到的代谢途径的数目为36（P值<0.05）。MG2-T的差异代谢通路主要包括：次生代谢物的生物合成、糖酵解/糖异生、代谢途径、碳代谢、淀粉和蔗糖代谢、丙酮酸代谢、氨基糖和核苷酸糖代谢、卟啉和叶绿素代谢、甘油酯代谢、光合作用、氨基酸的生物合成、碱基切除修复、脂肪酸降解、抗坏血酸和醛糖代谢、谷胱甘肽代谢、ABC转运、果糖和甘露糖代谢、酪氨酸代谢、类胡萝卜素生物合成、磷酸戊糖途径、花青素生物合成、甘氨酸，丝氨酸和苏氨酸代谢、β-丙氨酸代谢、丁酸代谢、组氨酸代谢、TCA循环。

此外，盐胁迫下不同谷子品种之间NT1-C对比MG1-C、NT1-C对比MG2-C、NY1-T对比MG1-T与NY1-T对比MG2-T显著富集到的代谢途径数目分别是33、24、19和23（P-value<0.05）（图3-10）。NT1-C对比MG1-C的差异代谢途径有：次生代谢物的合成、代谢途径、β-丙氨酸代谢、甘油酯代谢、丙酮酸代谢、角质，软木脂和蜡的生物合成、脂肪酸降解。NT1-C对比MG2-C的差异代谢通路主要包括：谷胱甘肽代谢、植物-病原体相互作用、脂肪酸降解、脂肪酸伸长率、MAPK信号传导、α-亚麻酸代谢、次生代谢物合成、核

糖体、糖酵解/糖异生、淀粉和蔗糖代谢。NY1-T对比MG1-T的差异代谢途径有：次生代谢物的生物合成、黄酮和黄酮醇的生物合成、氨基糖和核苷酸糖代谢。NY1-T对比MG2-T的差异代谢通路的主要包括：次生代谢物的生物合成、ABC转运、α-亚麻酸代谢、苯丙氨酸代谢、酪氨酸代谢、甘露糖型O-聚糖的生物合成、碳代谢、黄酮类生物合成。

综上，KEGG功能富集分析表明盐胁迫下耐盐品种NY1主要富集的通路为次生代谢物的生物合成、代谢途径、ABC转运、氨基酸代谢和信号转导等。说明胁迫下耐盐谷子品种通过能量供给、维持渗透压平衡以及活性氧清除来提高其抗性。同时，我们找到MG1-T与MG2-T的交集后，发现盐敏感品种在盐处理后主要富集的共同通路为次生代谢物合成、碳代谢、糖酵解/糖异生、卟啉和叶绿素代谢、光合作用等。以上主要是生长发育以及抗逆相关的代谢通路，这表明盐敏感品种在抵抗盐胁迫时，继续进行生长发育。盐敏感品种参与盐胁迫相关的新陈代谢过程更多，这说明其对盐胁迫更加敏感。

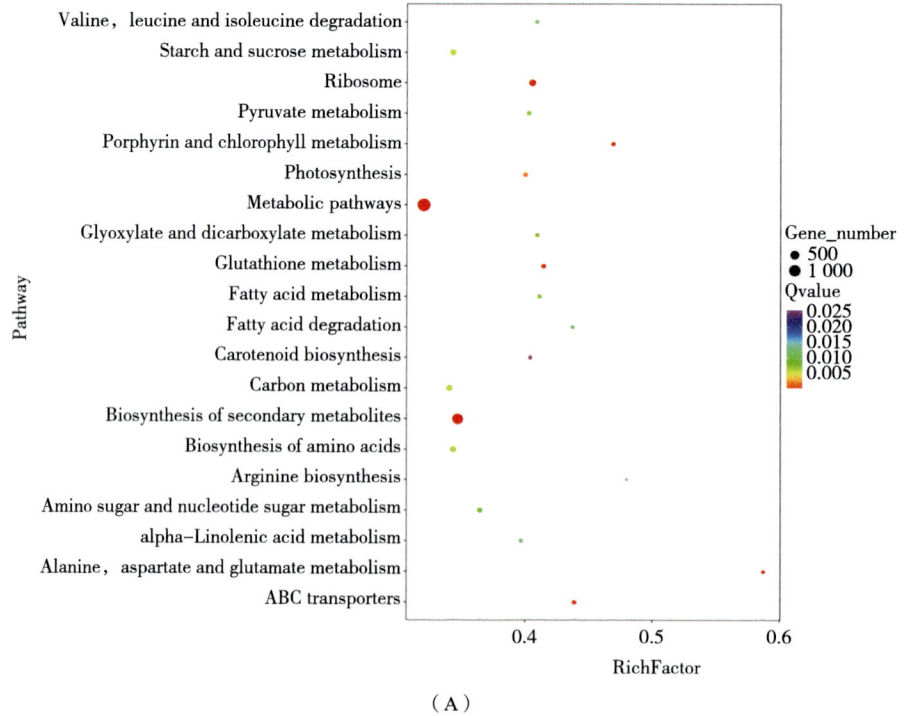

（A）

图3-9　盐胁迫前后耐盐型和盐敏感型谷子差异表达基因KEGG Pathway通路分析

注：（A）NY1-T对比NYI-C；（B）MG1-T对比MG1-C；（C）MG2-T对比MG2-C。

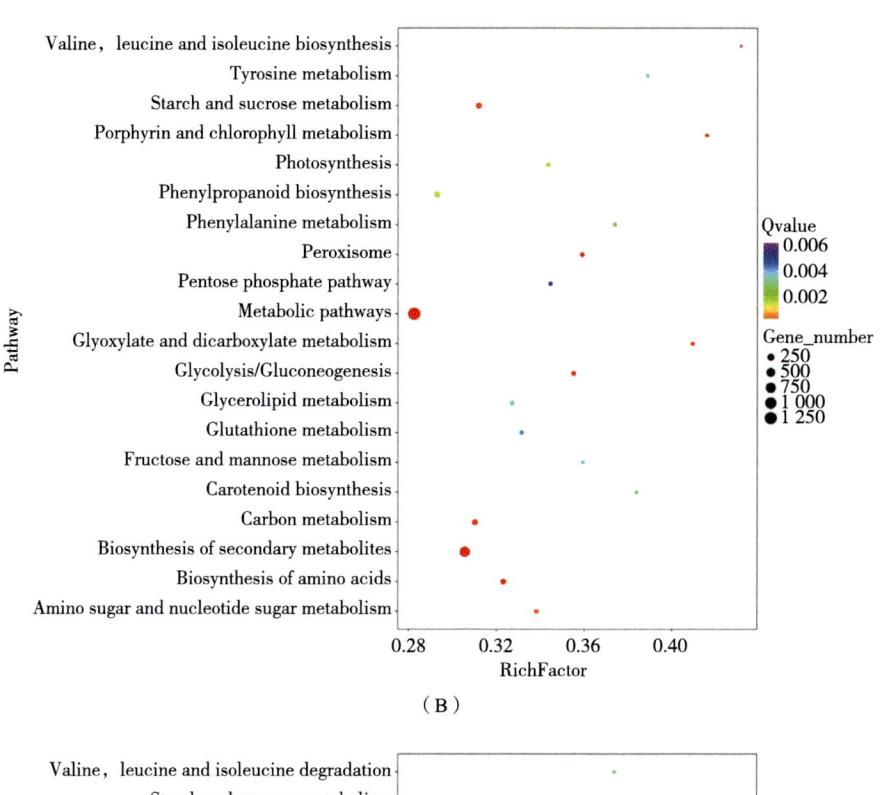

（B）

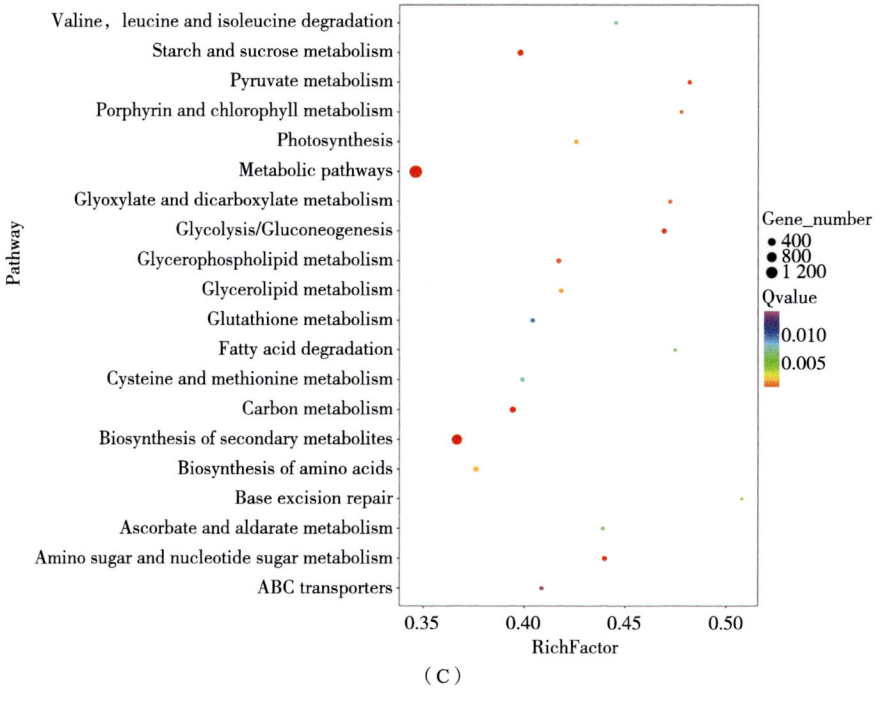

（C）

图3-9 （续）

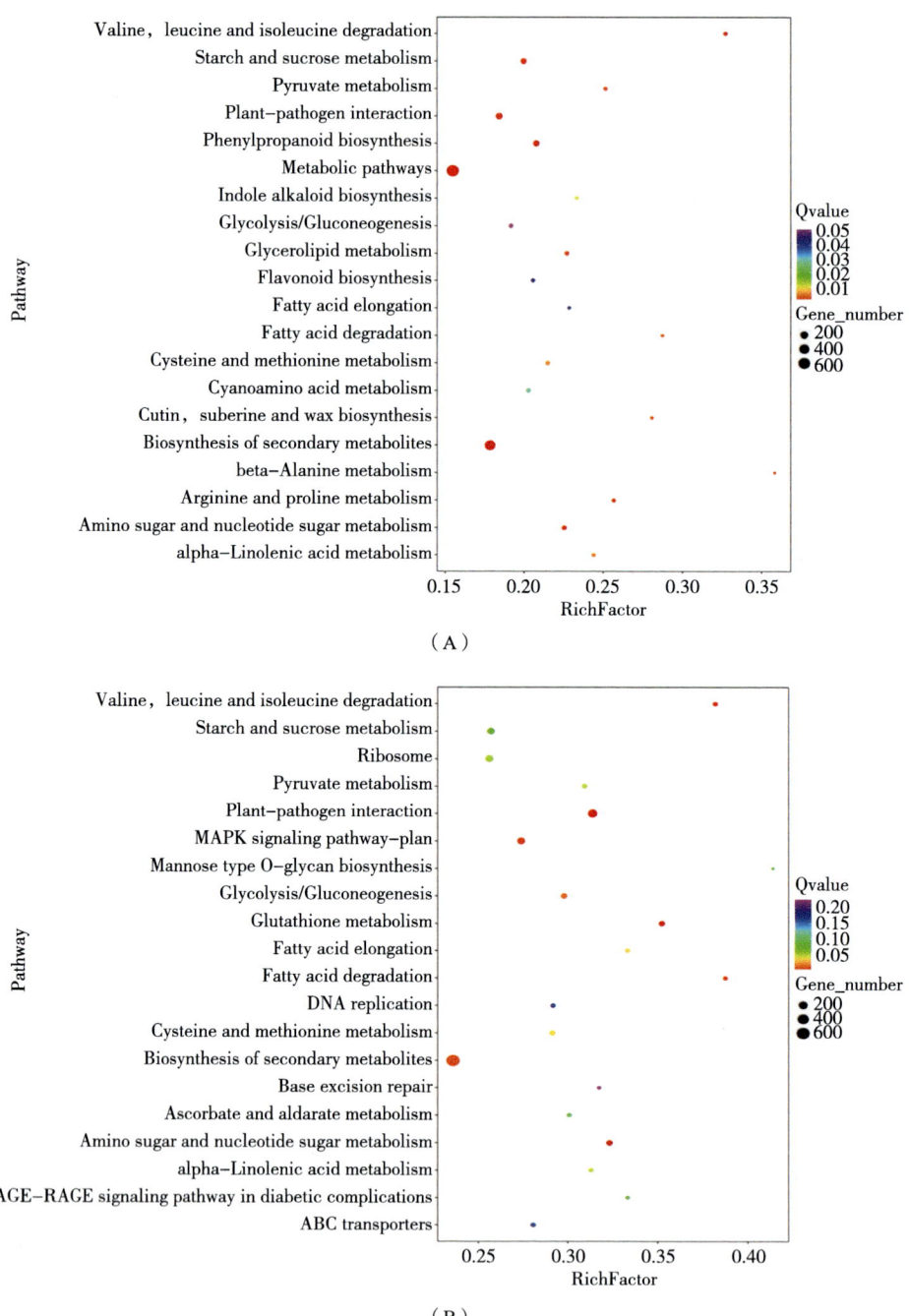

图3-10 盐胁迫下耐盐型和盐敏感型谷子之间的差异表达基因KEGG Pathway分析

注：（A）NT1-C对比MG1-C；（B）NT1-C对比MG2-C；
（C）NY1-T对比MG1-T；（D）NY1-T对比MG2-T。

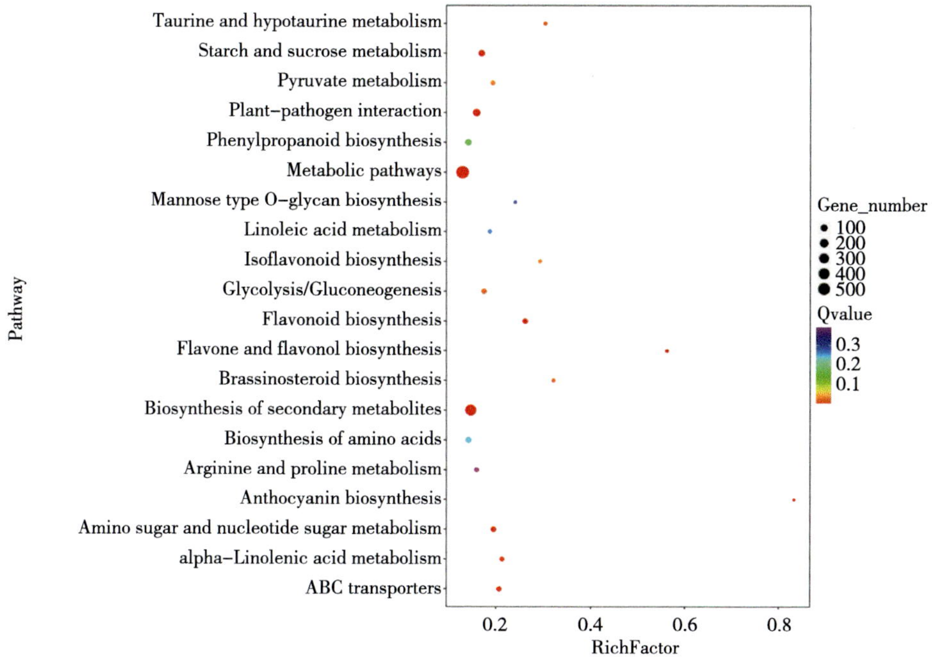
Taurine and hypotaurine metabolism
Starch and sucrose metabolism
Pyruvate metabolism
Plant−pathogen interaction
Phenylpropanoid biosynthesis
Metabolic pathways
Mannose type O−glycan biosynthesis
Linoleic acid metabolism
Isoflavonoid biosynthesis
Glycolysis/Gluconeogenesis
Flavonoid biosynthesis
Flavone and flavonol biosynthesis
Brassinosteroid biosynthesis
Biosynthesis of secondary metabolites
Biosynthesis of amino acids
Arginine and proline metabolism
Anthocyanin biosynthesis
Amino sugar and nucleotide sugar metabolism
alpha−Linolenic acid metabolism
ABC transporters
Pathway
0.2
0.4
0.6
0.8
RichFactor
Gene_number
100
200
300
400
500
Qvalue
0.3
0.2
0.1

（C）

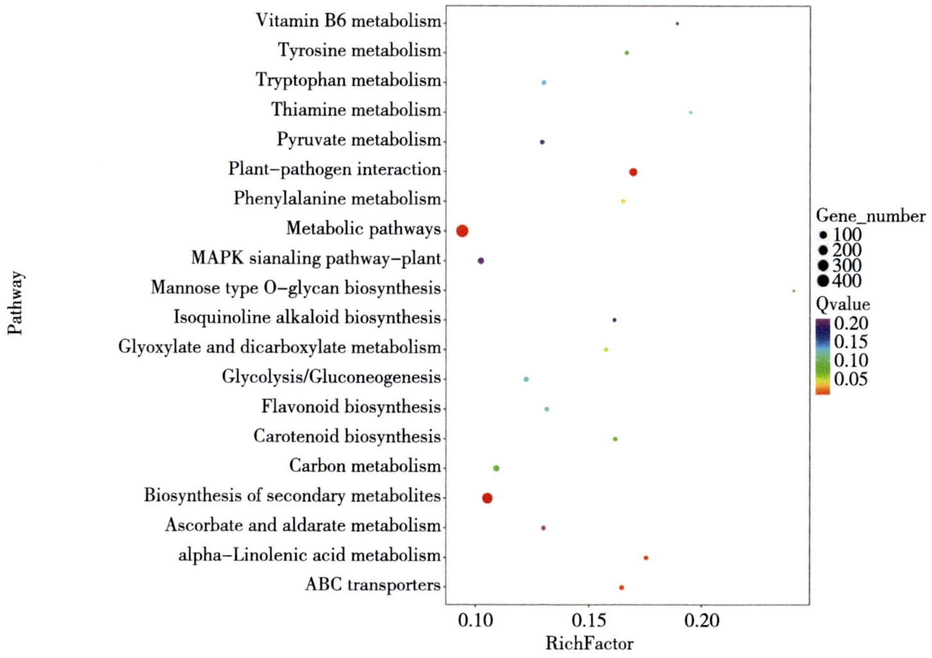
Vitamin B6 metabolism
Tyrosine metabolism
Tryptophan metabolism
Thiamine metabolism
Pyruvate metabolism
Plant−pathogen interaction
Phenylalanine metabolism
Metabolic pathways
MAPK sianaling pathway−plant
Mannose type O−glycan biosynthesis
Isoquinoline alkaloid biosynthesis
Glyoxylate and dicarboxylate metabolism
Glycolysis/Gluconeogenesis
Flavonoid biosynthesis
Carotenoid biosynthesis
Carbon metabolism
Biosynthesis of secondary metabolites
Ascorbate and aldarate metabolism
alpha−Linolenic acid metabolism
ABC transporters
Pathway
0.10
0.15
0.20
RichFactor
Gene_number
100
200
300
400
Qvalue
0.20
0.15
0.10
0.05

（D）

图3-10　（续）

3.4 讨论

谷子叶片对盐胁迫的反应受多种方式调控。对转录组的全面分析有助于系统地了解谷子的耐盐机理。为进一步挖掘谷子关键耐盐基因，本研究对耐盐品种BJ663（NY1）和盐敏感品种BJ652（MG1）、BJ934（MG2）盐胁迫前、后的叶片进行了RNA-Seq并对差异基因进行分析。根据不同品种对盐胁迫应答的不同，可以了解控制BJ663（NY1）的耐盐基因，从而对谷子耐盐基因的表达形成了全面的认识。

作物本身的特性在影响其对外界的响应中具有重大作用。不同材料之间的基因差异对材料的不同特性起着决定性的作用。本试验中，对盐胁迫前后耐盐品种和盐敏感品种中的差异表达基因的GO和KEGG富集分析，显示正常生长的耐盐品种NY1中参与S-腺苷甲硫胺生物合成、氧化还原、小GTPase介导的信号转导、通过同源重组修复双链断裂、蛋白质磷酸化及泛素依赖的蛋白质分解代谢的基因的表达高于敏感品种MG1和MG2。经盐胁迫处理后NY1-T对比MG1-T和NY1-T对比MG2-T，发现NY1中上调的基因主要富集于胁迫应答、次生代谢、泛素依赖的蛋白质分解代谢、氮化合物转运、烟酰胺合成等途径，这些结果表明，耐盐品种NY1中存在一定数量的胁迫诱导基因，其在盐胁迫下的表达高于MG1和MG2，表明NY1中相应物质的积累在盐害下更多，这在NT1的耐盐性中起到了一定的作用。鉴于品种间DEG的数量比胁迫下诱导表达的基因数量多，结合品种的不同特性，品种本身的基因在影响和决定品种特性方面发挥着重要作用。

烟酰胺合酶催化合成的产物烟酰胺（Nicotinamide，NA），不仅是植物铁载体的合成前体，而且还参与植物中Fe^{3+}的运输、分配和贮存，并且它还可以运输其他一些重金属离子，因此表现出较强金属耐受性和一定的植物修复作用。编码烟酰胺合成酶的基因（Nicotianamine-synthase，*NAS*）已被证实在高等植物对缺铁胁迫的响应中发挥重要作用。例如水稻*OsNAS1*基因是一个与铁代谢相关的盐碱胁迫诱导基因。本研究表明，在未处理的品种中，耐盐品种NY1的特异基因主要富集在S-腺苷甲硫氨酸合成的生物学过程中，但是经盐处理后（NY1-T对比MG1-T与NY1-T对比MG2-T的交集），耐盐品种NY1中上调表达的基因则富集在烟酰胺合成的通路中，在盐胁迫下编码烟酰胺合酶的基因被诱导。说明烟酰胺的快速合成有利于耐盐品种NYI耐盐性的增强。

植物的逆境信号传导途径是一个以蛋白质磷酸化/去磷酸化为基本特征的级联反应。在此过程中，蛋白激酶发挥着十分重要的作用。在逆境胁迫下，植物通过膜受体蛋白激酶感知胁迫信号，蛋白激酶通过蛋白磷酸化反应将信号放大并向下传导，然后激活下游转录因子，诱导相关抗逆性基因的表达，从而提高植物的抗逆能力。在植物中鉴定到了大量的蛋白激酶及其基因，它们参与由植物激素或细胞外胁迫信号分子诱导的各种生化代谢途径。本研究发现盐处理后NY1中上调的基因富集在蛋白质磷酸化过程中，同时鉴定到多个蛋白激酶基因在耐盐品种NY1中高表达，在敏感品种MG1和MG2中表达量均低，结合基因特征，推测上述DEG可能提高了谷子的抗盐能力。

此外，本研究中，鉴定到碳水化合物合成与分解途径中的一些关键酶也发生了变化。同时，一些介导植物胁迫应答的转录因子的表达也发生了变化，最终影响了不同谷子品种在盐胁迫下的耐盐性。

第4章

候选耐盐基因 *SiRLK35* 的功能鉴定

基于转录组鉴定的表达差异基因，我们重点关注了一个前期实验室研究涉及的基因 *SiRLK35*，该基因编码类受体蛋白激酶，以往研究显示该类激酶可参与植物抗逆过程。在克隆该基因的基础上，对该基因进行了谷子遗传转化。之前该基因的异源转化水稻植株，表现出一定的耐盐性，结合本研究中转录组的分析，显示其可能参与谷子的耐盐响应。本研究中我们通过构建基因过表达及基因编辑载体，将 *SiRLK35* 进行了谷子的同源转化，得到了 *SiRLK35* 的谷子转基因材料，进而对基因功能进行了鉴定。

4.1 材料与方法

4.1.1 试验材料

供试品种为谷子Ci846，植物过表达载体为实验室保存的pCAMBIA1301P，CRISPR/Cas9载体为中国水稻研究所王克剑研究员提供的SKm-gRNA、pC1300-UBI：Cas9，植物转化使用LBA4404型农杆菌，Trizol试剂、TaKaRa反转录试剂盒、T4连接酶和限制性内切酶等，均购自TransGen Biotech有限公司，FastStart Universal SYBR Green Master（Rox）试剂购自Roche，常用试剂均为分析纯。

4.1.2 谷子 *SiRLK35* 转基因材料的获得

4.1.2.1 谷子 *SiRLK35* 过表达材料的获得

提取谷子Ci846幼苗叶片总RNA，反转录获得cDNA，利用高保真DNA聚合酶Prime Star对目的基因*SiRLK35*进行PCR扩增，引物采用SiRLK35-S15：5′-CTT<u>GGTACC</u>ATGGAAGCCTTCATGGGCATC-3′（*Kpn*1，下划线为酶切位点）和SiRLK35-A15：5′-GAA<u>GGATCC</u>TCA<u>TTTATCGTCATCATCTTTGTAGTCCTTGTCATCATCGTCCTTATAGTCCTTATCGTCGTCATCCTTGTAATCGCCGCCGCCGCCGCCTAAATTTGACTTCATTTC</u>-3′（*Bam*H 1，下划线依次为酶切位点和3*Flag标签）。扩增产物回收后连接到pMD18-T载体。基因测序正确后，酶切pCAMBIA1301P和pMD18-T-*SiRLK35*质粒，回收、连接获得过表达载体pCAMBIA1301P-*SiRLK35*。选取酶切验证正确的pCAMBIA1031P-*SiRLK35*质粒，进一步冻融法转化LBA4404农杆菌感受态备用。利用谷子Ci846种子诱导愈伤组织，利用含有pCAMBIA1301P-*SiRLK35*的LBA4404农杆菌共培养转化，经鉴定获得*SiRLK35*基因过表达谷子植株。

4.1.2.2 谷子*SiRLK35*突变体材料的获得

CRISPR/Cas9是继ZFN（锌指核酸酶）和TALEN（转录激活因子样效应因子核酸酶）后的第三代基因编辑技术。相较于传统育种，CRISPR/Cas9系统可以快速有效地对目的基因进行位点特异性编辑，改善受体材料的特性。本研究以谷子品种Ci846为研究材料，利用Cas9蛋白在多个gRNA引导下对基因组多个特异区段产生双链断裂的特性，创制谷子基因组定点突变体。

（1）靶点设计

在NCBI（National Center for Biotechnology Information）数据库下载*SiRLK35*（登录号：XM_004956247.2）基因序列，利用（http://www.e-crisp.org/E-CRISP/）网站在*SiRLK35*基因组序列上设计2个敲除靶点（Cas9的PAM为NGG），设计靶点引物时添加接头引物序列，在正向靶序列前加GGCA，在反向互补靶序列前加AAAC。*SiRLK35*敲除载体构建中使用的所有引物均由擎科生物技术有限公司（青岛）合成（表4-1）。

表4-1 *SiRLK35*敲除载体构建中使用的引物

引物名称	引物序列（5′—3′）	用途
SiRLK35-Cas9-S2	GGCACGCCAGAATACCGTGACAA	靶点引物1
SiRLK35-Cas9-A2	AAACTTGTCACGGTATTCTGGCG	
SiRLK35-Cas9-S3	GGCAGGATTGGAAGGTCCAGAAG	靶点引物2

（续表）

引物名称	引物序列（5′—3′）	用途
SiRLK35-Cas9-A3	AAACCTTCTGGACCTTCCAATCC	
SiRLK35-S4	CTTAAACCGAAGAACATATTGC	靶点基因组克隆引物
SiRLK35-A4	GGGTTGTTTGGAAGGGAG	
SiRLK35-S5	TGTCGAGCAAACTCAAGCTTG	突变检测测序引物
SiRLK35-A5	TGAACTAAATCTTACATACC	

（2）单个中间载体构建

SK-gRNA进行*Aar* I酶切（Ferment公司）（图4-1，表4-2），形成带有黏性末端的载体。

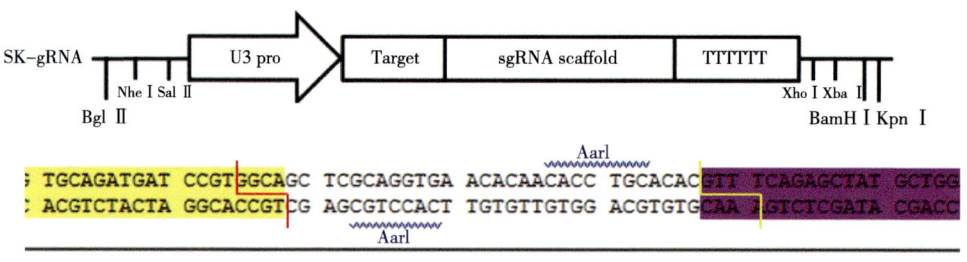

图4-1　SKm-gRNA载体及其插入外源片段处的两个*Aar* I酶切位点

表4-2　*Aar* I（Ferment公司产品）酶切SK-gRNA载体体系

成分	体积
10 × buffer *Aar*I	5 μL
50 × oligonucleotide	1 μL
Aar I	1 μL
载体SK-gRNA	1 ~ 2 μg
ddH$_2$O	up to 50 μL

合成的引物（g++，g--）用水稀释至浓度100 mmol/L，前引物和后引物各

20 L混合在一起，变性退火100℃ 5 min，室温冷却，形成带有黏性末端的片段；

将退火后的双链接头连接到SK-gRNA载体上（载体与片段摩尔比为1∶3~10），反应体系（10 μL）：SK-gRNA/*Aar* I 20~50 ng，引物退火产物7 μL，10×T4 ligase buffer 1 μL，T4连接酶0.5 μL，室温反应0.5~1 hr；连接产物转化大肠杆菌，用引物T3与g--搭配进行菌落PCR，检测出阳性克隆后送公司测序。

（3）聚合

利用*Bam*H I和*Bgl* Ⅱ是同尾酶的属性，将SKm-gRNA1和SKm-gRNA1进行聚合。

（4）pC1300-UBI：Cas9表达载体构建

pC1300-Cas9载体（图4-2，表4-3）用*Kpn* I和*Bam*H I酶切后，与聚合后的SKm-gRNA连接。

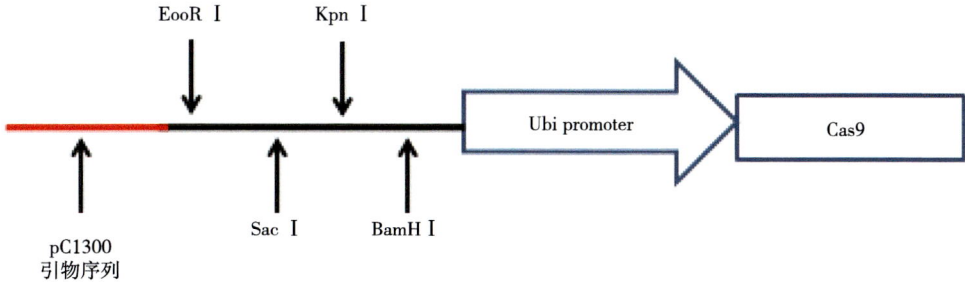

图4-2　pC1300-Ubi-Cas9载体结构

表4-3　终载体连接体系

成分	体积
pC1300-Cas9/*Kpn* I+*Bam*H I	50 ng
gRNA1/*Kpn* I+*Sal* I	8 ng
gRNA2/*Xba* I+*Bgl* Ⅱ	8 ng
10×T4 ligase buffer	1 μL
T4连接酶	0.5 μL
ddH$_2$O	up to 10 μL

（5）农杆菌转化

将携带pC1300-UBI：Cas9-*SiRLK35*质粒的农杆菌转化谷子品种Ci846愈伤，获得转基因植株。

谷子愈伤组织培养

选取成熟饱满的谷子种子，置于2 mL EP管内，用75%乙醇消毒60 s；无菌水清洗3次，30%次氯酸钠溶液浸没种子，浸泡25 min，无菌水冲洗5~6次后，置于灭菌滤纸上自然风干，将种子接种到诱导培养基上，每皿12~14粒。黑暗培养4周后，切掉其他组织，挑取淡黄色、质地致密的愈伤组织，放入培养箱中，30℃光照条件下进，继代培养2周，得到成熟的愈伤组织。

愈伤组织侵染

活化：将含有pC1300-UBI：Cas9-SiRLK35重组质粒的农杆菌进行活化，28℃过夜培养后挑取单克隆菌落放入含50 μg/mL Kan和100 μg/mL Rif的30 mL LB液体培养基中，28℃振荡培养至OD600为0.5。

侵染：把菌液吸到离心管中，4℃，6 000 r/min，离心10 min，弃掉上清，用农杆菌悬浮液浸染成熟谷子愈伤组织10 min，用超声波或真空泵处理，以提高转化效率。

共培养：将愈伤组织放置灭菌纸上自然风干，再把干燥的愈伤组织移到培养基上，22℃黑暗培养3 d。

抗性筛选：将愈伤组织取出用灭菌水清洗5~6次，并充分震荡。除菌后放于灭菌滤纸上风干2 h，再将筛选后的愈伤组织进行再生和生根。7~14 d后，转移到小花盆中，在光照由弱至强的过程中炼苗一周，最后移到温室培养。

4.1.3 *SiRLK35*过表达株系的鉴定

在田间随机选取过表达株系50株挂牌，取植株叶片于-80℃保存备用。在基因组水平上验证*SiRLK35*过表达植株的转基因阳性，并通过CTAB法提取谷子叶片DNA，利用35 s启动子上游引物和*SiRLK35*下游引物PCR扩增，检测阳性植株。

4.1.4 SiRLK35突变体株系的鉴定

通过CTAB法从 *SiRLK35* 突变体株系中提取全基因组DNA，并根据 *SiRLK35* 的序列设计靶点基因组克隆引物SiRLK35-S4和SiRLK35-A4（两个靶点离得比较近，克隆后双向测序），扩增 *SiRLK35* 基因靶序列及其邻近序列，并将含有目标靶点的PCR产物送到青岛擎科生物科技有限公司测序，通过与Ci846序列比对判定谷子植株的突变类型。存在纯合突变体；杂合体测序结果出现双峰，用DSDecodeM（http://skl.scau.edu.cn/home/）进行峰图分析，解码重叠峰测序文件，获得杂合突变信息。

4.1.5 盐胁迫下 *SiRLK35* 不同转基因株系的耐盐性分析

分别挑选籽粒饱满的谷子种子进行萌发，继续培养至三叶期，将每个编号的谷子幼苗平均分为3组，大约50粒/组；谷子幼苗培养至三叶期时，用200 mmol/L NaCl胁迫处理，观察比较野生型、过表达与突变体在不同浓度盐胁迫下生长状况，并拍照记录；用30 cm的钢尺分别测量谷子野生型、过表达和突变体幼苗的株高和根长，每组测量30株，重复3次，取平均值，计算伸长百分比。

水培条件下谷子幼苗萌发两周后，用剪刀剪取谷子地上部分进行丙二醛、SOD酶活、POD酶活等指标的测定。通过硫代巴比妥酸比色法来测定MDA含量；对谷子叶片的超氧化物歧化酶和过氧化物酶活性进行测定，抗氧化酶活指标均采用苏州科铭生物技术有限公司提供的检测试剂盒进行检测。

4.2 试验结果与分析

4.2.1 *SiRLK35* 过表达载体的构建

将测序正确的pMD18T-*SiRLK35* 质粒及载体pCAMBIA1301P，分别经 *Bam*H I、*Kpn* I双酶切，酶切片段经T4连接酶连接后转化大肠杆菌Trans5α菌株，提取质粒；选择酶切正确的质粒进一步转化LBA4404菌株，菌落PCR鉴定出阳性克隆，经质粒提取及测序，获得谷子 *SiRLK35* 基因过表达载体pCAMBIA1301P-*SiRLK35*（图4-3）。

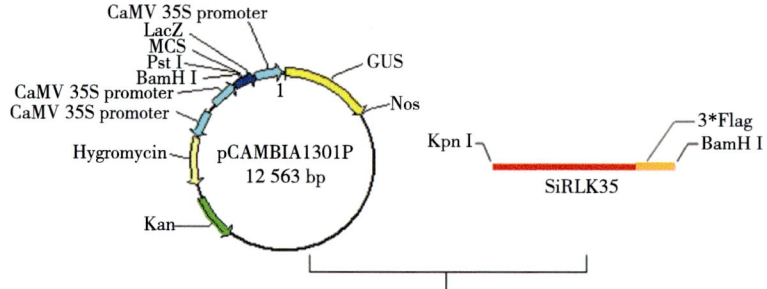

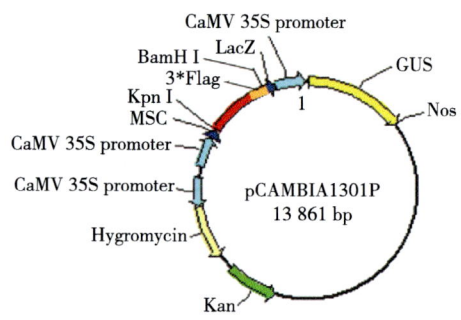

图4-3　谷子*SiRLK35*基因过表达载体的构建

4.2.2　农杆菌介导的谷子遗传转化

选择成熟种子作为外植体，用Joyce Van Eck CIMY培养基，添加2 mg/L的2,4-D，以及不添加AgNO$_3$的培养基进行愈伤的诱导，黑暗培养4周后，切掉其他组织，将诱导出的愈伤转到继代培养基，使用2 mg/mL的KT诱导出苗，得到再生植株，获得*SiRLK35*过表达转基因谷子株系（Over Expression，OE）OE1、OE2和OE3（图4-4）。

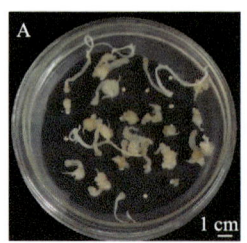 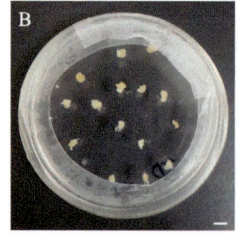 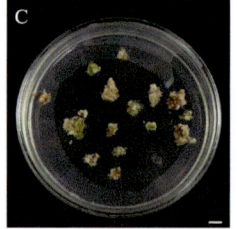 

图4-4　转化谷子愈伤组织

注：A. 愈伤的诱导；B. 转到继代培养基；C. 再生；D. 生根（Bar值：1 cm）。

4.2.3　*SiRLK35*过表达植株的鉴定

从谷子*SiRLK35*过表达植株OE1、OE2、OE3及对照Ci846的叶片中提取DNA，并在基因组水平上检测*SiRLK35*的表达水平。选取谷子*SiRLK35*基因过表达载体的上游和下游引物对基因组进行鉴定，条带大小约为1 179 bp，PCR电泳结果一致，见图4-5。根据图中显示，转化成功的谷子株系均成功扩增出*SiRLK35*基因，但在阴性对照中没有鉴定出目的条带，说明*SiRLK35*已经整合入谷子植株基因组中。此外，在40%的潮霉素下，所有谷子植株的种子都能正常发芽生长，表明*SiRLK35*基因过表达载体已经成功转化谷子品种Ci846。

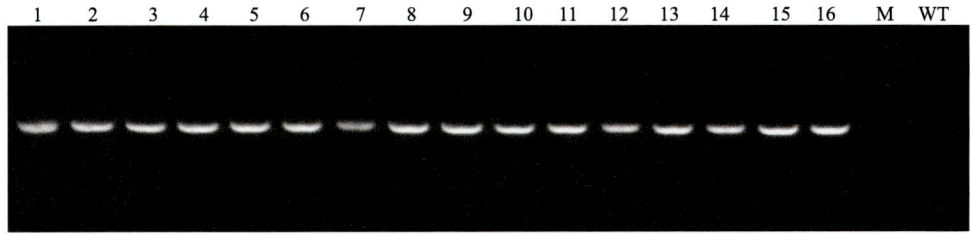

图4-5　*SiRLK35*过表达株系鉴定

注：M：*Trans* 2k® Plus Ⅱ DNA Marker；WT：对照Ci846；
1~5：OE-1；6~10：OE-2；11~16：OE-3。

4.2.4　谷子*SiRLK35*敲除靶点设计及基因编辑载体构建

根据谷子*SiRLK35*基因序列，分别选取PAM序列（AGG）前19 bp（5′-GAACGATGCGTACCTTCCCG-3′）及第2个PAM序列（AGG）前19 bp（5′-TTCACACCCGGATATCGGTT-3′）作为靶位点。分别在2个靶位点5′端前加上*Aar* I限制性内切酶的黏性末端接头GGCA，即为SiRLK35-Cas9-S2、SiRLK35-Cas9-S3（表4-1）；将选取的2个靶序列分别反向互补并在其5′端同样加上*Aar* I限制性内切酶的黏性末端接头AAAC，即为SiRLK35-Cas9-A2、SiRLK35-Cas9-A3（表4-1）。

两对加过接头的序列经擎科生物技术有限公司合成后，用T4 DNA连接酶与经过*Aar* I酶切后的sgRNA连接（图4-6），转化DH5α后，选取阳性质粒与Cas9终载体通过同源重组得到pC1300-UBI：Cas9-*SiRLK35*表达载体，最终将阳性质粒转化农杆菌LBA4404。通过农杆菌转化谷子品种Ci846，获得转基因植株。

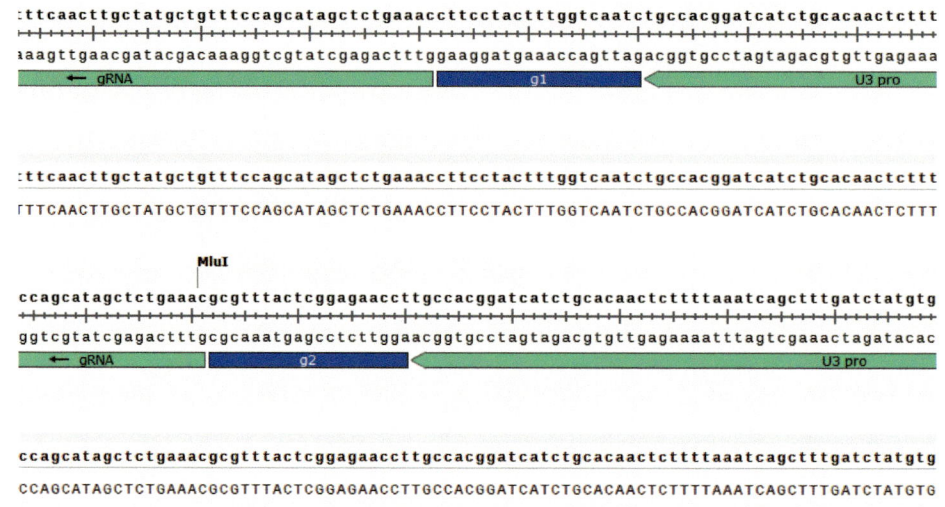

图4-6　SKm-gRNA1和SKm-gRNA2载体图谱

4.2.5　*SiRLK35*转基因植株突变情况检测

利用特异性引物SiRLK35-S4和SiRLK35-A4扩增突变植株的靶点区域序列并将PCR产物进行测序，通过对转基因植株测序结果比对发现，*SiRLK35*基因突变植株的突变类型有一条链插入1 nt、互补链未突变的杂合突变（图4-7A）；一条链为复杂突变、互补链未突变的杂合突变；一条链发生碱基替换、互补链未突变的杂合突变（图4-7B）；一条链缺失4 nt、互补链为复杂突变的双等位突变体（表4-5，图4-7C）；两条链各插入1 nt的纯合突变和两条链各缺失2 nt的纯合突变（表4-4，表4-5）。

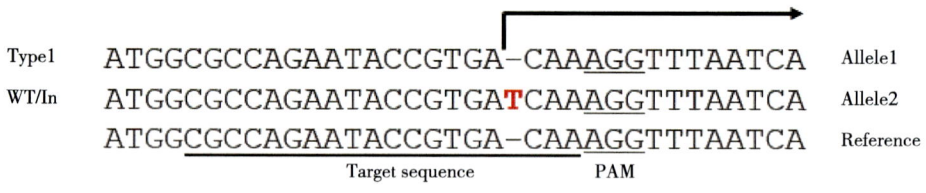

(A)

图4-7　杂合及双等位突变植株的突变类型

(A)、(B)均为第一个靶点突变，(C)为第二个靶点突变。由于两个靶点离得比较近，克隆后PCR产物双向测序，(C)中参考序列为靶序列的反向互补序列。

第 4 章 候选耐盐基因 *SiRLK35* 的功能鉴定

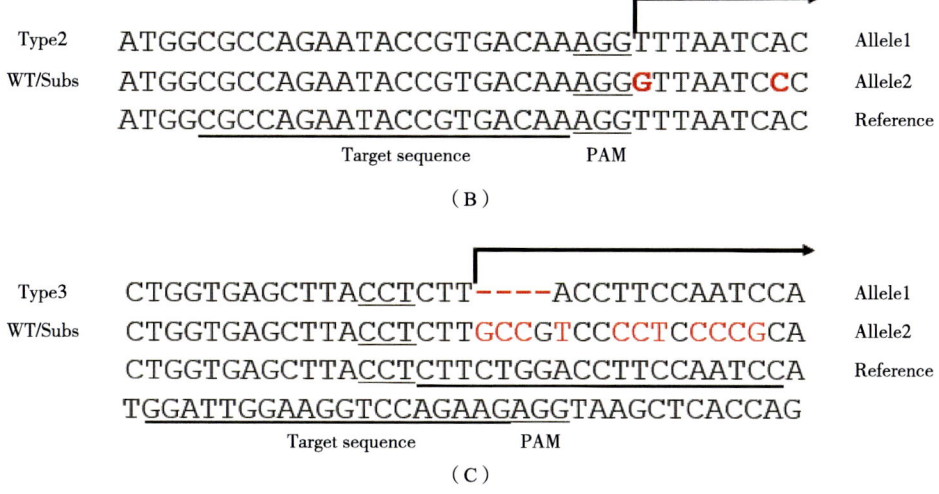

图4-7 （续）

表4-4 转基因植株靶点1突变类型鉴定

株系	序列	突变情况	突变类型
WT	ATGG*CGCCAGAATACCGTGACAAAGG*TTTAATCACAA		
P1	ATGG*CGCCAGAATACCGTGACAAAGG*TTTAATCACAA	WT	杂合突变
	ATGG*CGCCAGAATACCGTGAA CAAAGG*TTTAATCACAA	+1	
P10	ATGG*CGCCAGAATACCGTGACAAAGG*TTTAATCACAA	WT	杂合突变
	ATGG*CGCCAGAATACCGTGACAAAGG*GTTAATCCCCA	complicated variant	
P11	ATGG*CGCCAGAATACCGTGAT CAAAGG*TTTAATCACAA	+1	纯合突变
	ATGG*CGCCAGAATACCGTGAT CAAAGG*TTTAATCACAA	+1	
P12	ATGG*CGCCAGAATACCGTGACAAAGG*TTTAATCACAA	WT	杂合突变
	ATGG*CGCCAGAATACCGTGAT CAAAGG*TTTAATCACAA	+1	
P35	ATGG*CGCCAGAATACCGTGAA CAAAGG*TTTAATCACAA	+1	纯合突变
	ATGG*CGCCAGAATACCGTGAA CAAAGG*TTTAATCACAA	+1	

注：斜体碱基为*SiRLK35*靶序列；下划线碱基为PAM序列；红色加粗倾斜碱基为碱基插入。表4-5同。

表4-5 转基因植株靶点2突变类型鉴定

株系	序列	突变情况	突变类型
WT	T*GGATTGGAAGGTCCAGAAGAGG*TAAGCTCACCAGCG		
Reference	CGCTGGTGAGCTTA*CCTCTTCTGGACCTTCCAAT*CCA		
P6	CGCTGGTGAGCTTA*CCTCTTCTGGACCTTCCAAT*CCA	WT	杂合突变
	CGCTGGTGAGCTTA*CCTCTTCCGCCCCCTCCCCCC*A	complicated variant	
P10	CGCTGGTGAGCTTA*CCTCTTCTGGACCTTCCAAT*CCA	WT	杂合突变
	CGCTGGTGAGCTTA*CCTCTTCTGCCCCCTCCCC*TCCA	substitution	
P16	CGCTGGTGAGCTTA*CCTCTTGCTGGACCTTCCAAT*CCA	+1	纯合突变
	CGCTGGTGAGCTTA*CCTCTTGCTGGACCTTCCAAT*CCA	+1	
P24	CGCTGGTGAGCTTA*CCTCTT--GGACCTTCCAAT*CCA	-2	纯合突变
	CGCTGGTGAGCTTA*CCTCTT--GGACCTTCCAAT*CCA	-2	
P29	CGCTGGTGAGCTTA*CCTCTTCTGGACCTTCCAAT*CCA	WT	杂合突变
	CGCTGGTGAGCTTA*CCTCTTCTGCACCCTCCACT*CCA	substitution	
P31	CGCTGGTGAGCTTA*CCTCTT----ACCTTCCAAT*CCA	-4	双等位突变
	CGCTGGTGAGCTTA*CCTCTTGCCGTCCCCTCCCCGC*A	complicated variant	

注：红色加粗倾斜碱基为碱基插入或替换；短线为碱基缺失。由于两个靶点离得比较近，克隆后PCR产物双向测序，Reference序列为WT序列的反向互补序列。

纯合突变植株中，突变体P11、P26和P35为第一个靶点突变，突变方式均为单碱基插入，P11和P26在*SiRLK35*基因起始密码子（ATG）后第290和第291个碱基之间插入"T"导致该蛋白在第97个氨基酸处移码，翻译提前终止（图4-8A）；P35在*SiRLK35*基因起始密码子（ATG）后第290和第291个碱基之间插入"A"导致该蛋白在第97个氨基酸处移码，翻译提前终止（图4-8B）；P24为第二个靶点突变，突变方式为2个碱基缺失，*SiRLK35*基因起始密码子（ATG）后第617个碱基后缺失2 nt（"A"和"G"）导致该蛋白在第206个氨基酸处移码，翻译提前终止（图4-8C）。

第4章 候选耐盐基因 *SiRLK35* 的功能鉴定

P11/P26
WT：ATGGCGCCAGAATACCGTGA-CAAAGGTTTAATCAC
Allele1：ATGGCGCCAGAATACCGTGATCAAAGGTTTAATCAC（+1 bp）
Allele2：ATGGCGCCAGAATACCGTGATCAAAGGTTTAATCAC（+1 bp）

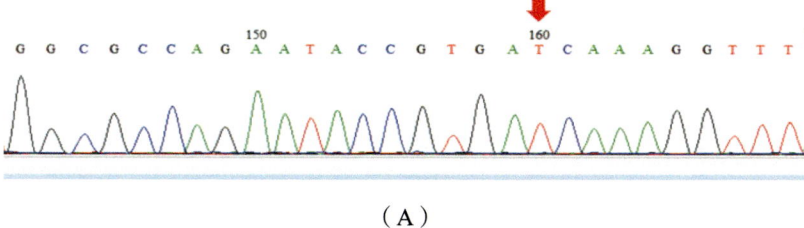

（A）

P35
WT：ATGGCGCCAGAATACCGTGA-CAAAGGTTTAATCAC
Allele1：ATGGCGCCAGAATACCGTGAACAAAGGTTTAATCAC（+1 bp）
Allele2：ATGGCGCCAGAATACCGTGAACAAAGGTTTAATCAC（+1 bp）

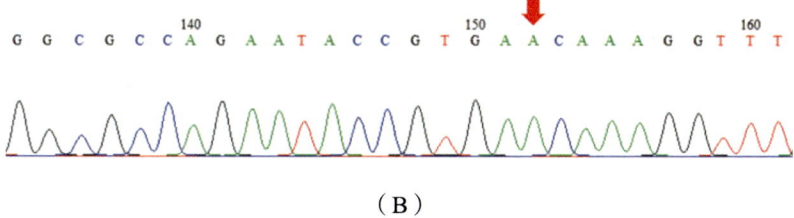

（B）

P24
WT：TGGATTGGAAGGTCCAGAAGAGGTAAGCTCACCAGCG
Reference：CGCTGGTGAGCTTACCTCTTCTGGACCTTCCAATCCA
Allele1：CGCTGGTGAGCTTACCTCTT--GGACCTTCCAATCCA（-2 bp）
Allele2：CGCTGGTGAGCTTACCTCTT--GGACCTTCCAATCCA（-2 bp）

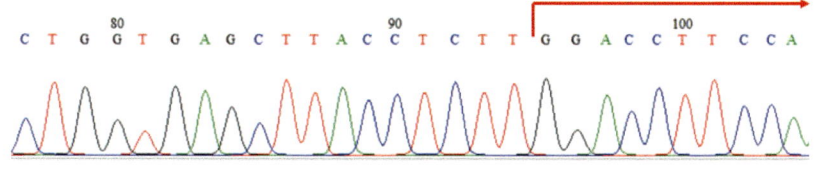

（C）

图4-8 纯合突变植株靶点检测结果

注：（A）第一个靶点突变，*SiRLK35*基因起始密码子（ATG）后第290和第291个碱基间插入"T"导致该蛋白第97位氨基酸移码，蛋白翻译终止；（B）第一个靶点突变，*SiRLK35*基因ATG后第290和第291个碱基间插入"A"导致该蛋白第97位氨基酸移码，翻译提前终止；（C）第二个靶点突变，*SiRLK35*基因起始密码子（ATG）后第617个碱基后缺失2 nt（"A"和"G"）导致该蛋白第206位氨基酸移码，蛋白翻译提前终止。由于两个靶点离得比较近，克隆后双向测序；（C）中参考序列为WT序列的反向互补序列。

4.2.6 *SiRLK35*转基因植株的耐盐性检测

选取正常生长两周的过表达幼苗、突变体幼苗和野生型幼苗用200 mmol/L NaCl溶液处理48 h，进行观察比较，如图4-9显示盐处理后的幼苗生长均受到抑制，且在相同盐处理环境下，过表达株系的生长受抑制程度较野生型对照和突变体株系弱。过表达与野生型相比株高较高、根长较长；突变体与野生型相比株高矮小、根长减小。结果显示盐胁迫下，过表达株系OE1的根长比野生型长35.41%；突变体株系P24的根长比野生型短12.18%；与野生型相比，过表达植株的株高增长11.85%，突变体株高与野生型相比也明显降低，减小31.85%。且突变体受抑制程度明显较大，通过盐处理，野生型对照和过表达株系的幼苗及根部长度的差异不明显。

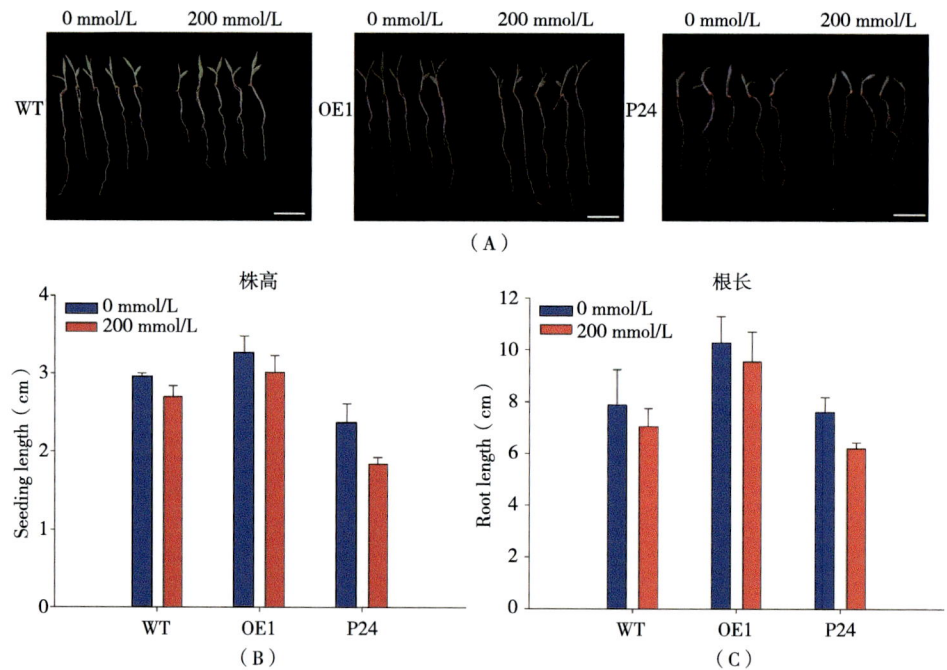

图4-9 谷子*SiRLK35*转基因株系表型分析及株高和根长的测定

（A）0和200 mmol/L NaCl处理2 d后各株系表型，标尺=5 cm；（B）0和200 mmol/L NaCl胁迫2 d后*SiRLK35*转基因植株的株高；（C）0和200 mmol/L NaCl胁迫2 d后*SiRLK35*转基因植株的根长；*$P<0.05$的水平上有显著差异（$n=3$）。下同。

将对照及*SiRLK35*转基因幼苗在200 mmol/L NaCl处理2 d后，对各株系SOD和POD抗氧化酶活性进行测定，结果（图4-10）显示，盐处理后各株系的SOD活性均上升，其中过表达株系OE1和OE2的上升幅度较野生型和突变体株系较高；盐处理后各株系的POD活性上升，盐害下过表达株系OE1和OE2的POD活性与突变体P11和P24相比较高，这些结果表明SiRLK35提高了谷子幼苗对盐胁迫/氧化胁迫的耐受性。

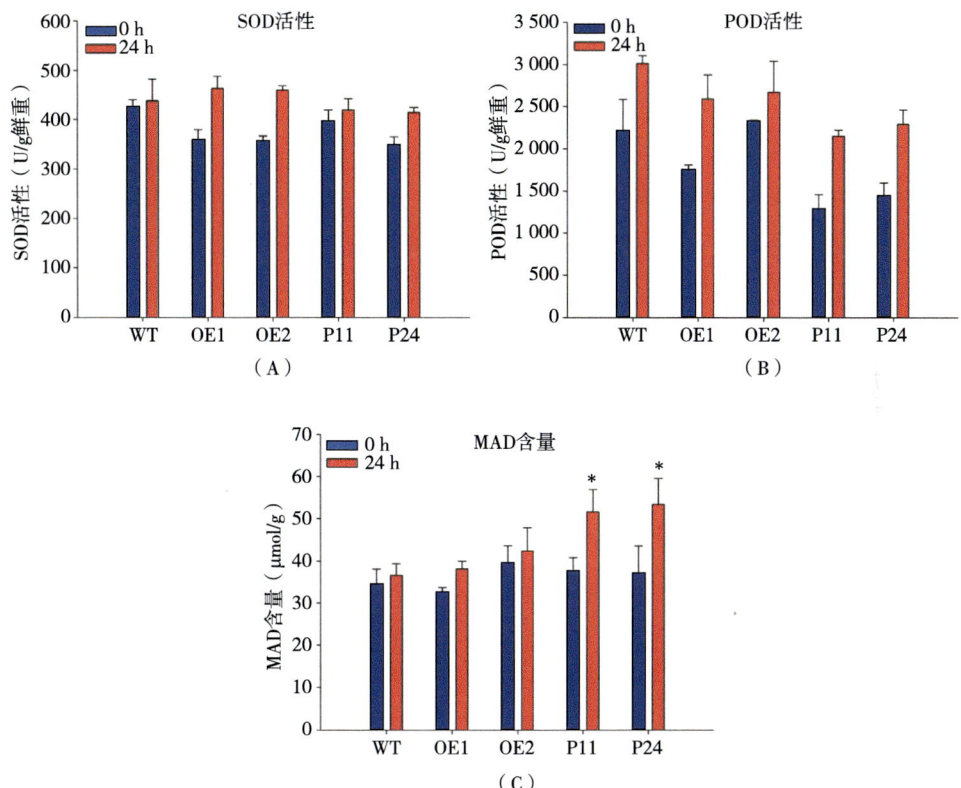

图4-10　谷子SiRLK35各转基因株系抗氧化酶活性和丙二醛含量的测定

注：（A）0和200 mmol/L NaCl胁迫24 h后各转基因株系的SOD活性；（B）0和200 mmol/L NaCl胁迫24 h后各转基因株系的POD活性；（C）0和200 mmol/L NaCl胁迫24 h后各转基因株系的MDA含量；不同颜色表示不同处理时间：蓝色，0 h；红色，24 h。

丙二醛是膜脂过氧化的产物之一，它含量的增加会使细胞膜受损严重。所以，可以检测丙二醛含量来鉴定植物膜脂过氧化的水平。在研究中，与对照组相比较，盐胁迫处理会不同程度地使谷子各个转基因株系中MDA含量有所增加，盐处理条件下，WT、OE1及OE2均与对照组没有明显差距，P11和P24和对照比较明显增加，盐处理条件下野生型和过表达谷子叶片中的MDA含量增幅均低于突变体植株。与突变体相比，盐处理条件下*SiRLK35*过表达株系中的MDA含量相对较低，而活性氧代谢能力相对较强，所以它的膜脂过氧化的程度也较低。

4.3 讨论

随着越来越多植物抗逆性基因的挖掘及植物胁迫应答机制的深入研究，通过基因工程将抗逆基因导入植物基因组的研究越来越广泛。该技术在提高植物的抗逆性、改善作物的遗传特性和培育优良作物种质等具有更深远的研究意义。本研究根据遗传学方法分别构造了谷子*SiRLK35*基因过表达和突变体材料，可用来研究*SiRLK35*在盐胁迫响应过程中的生化和分子机制，为揭示该基因的分子机制提供了材料依据。

本研究在实验室前期研究基础上，通过调整该基因的表达量，改良谷子的抗逆性。为了对*SiRLK35*进行功能鉴定，构建了谷子*SiRLK35*基因过表达载体pCAMBIA1301P-*SiRLK35*，并导入农杆菌进行谷子的同源转化，获得谷子过表达植株；同时通过CRISPR/Cas9技术，在*SiRLK35*基因组设计了2个突变靶点，利用人工合成方法获得了含有突变靶点的特异性序列，在磷酸化修饰和退火后，通过与中间载体SKm-gRNA连接，然后与终载体pC1300-UBI：Cas9重组获得*SiRLK35*的CRISPR/Cas9表达载体，通过农杆菌介导法转化谷子Ci846，得到突变体株系，通过测序结果确定了谷子突变株系的突变类型。为该基因功能机制的研究及培育耐盐谷子新品种提供依据，对于完备谷子类受体蛋白激酶的调控机制有重大作用。

同时，通过对*SiRLK35*各转基因植株在盐胁迫下的根长、苗长、丙二醛含量变化、SOD及POD酶活等各项生理指标测定，发现胁迫后*SiRLK35*过表达植株的生长发育受到的不良影响均小于野生型，在此之中，*SiRLK35*过表达OE1株系受到的盐害影响最低。基于基因表达量与基因功能成正比，表明过表达耐盐能力大于野生型和突变体植株。盐处理后细胞膜脂质过氧化会加重，耐盐能力强的植物能通过提高活性氧清除能力来减少过氧化损伤。丙二醛是叶绿体膜脂过氧化产物，其含量变化反映了膜脂过氧化的程度。盐胁迫下，*SiRLK35*各转基因植株叶片中MDA含量增加说明细胞质膜透性增加，其中突变体株系P11和P24的MDA含量的增幅较野生型和过表达株系较高，表明*SiRLK35*基因的敲除导致谷子丙二醛含量显著增加,耐盐性降低。盐胁迫下过氧化物的大量积累会导致过氧化胁迫,对植物造成损害。植物在响应盐胁迫时,可以激活自身的抗氧化酶系统对活性氧进行清除,减轻自身受到的损伤。SOD酶与POD酶的活性都表明耐盐能力高的谷子OE1和OE2过表达植株盐处理后O_2^-与H_2O_2的积累小于突变体P11、P24和野生型对照,说明过表达植株清除ROS的能力强于突变体的野生型,这表明 SiRLK35 及其高表达能使植株耐盐性得到增强。

下一步在获得 SiRLK35 谷子过表达和基因敲除株系的基础上,为进一步研究 SiRLK35 基因是否参与ABA信号转导、钙信号转导途径参与谷子盐胁迫响应提供了理论和材料基础。为深入解析基因参与谷子盐胁迫的响应机制,进一步培育抗盐作物新品种提供理论指导及技术支持。

第5章

结 论

本研究前期收集到942份谷子资源品种，通过大田试验结合实验室进行谷子苗期耐盐品种的筛选、组织化学分析、盐胁迫相关生理指标测定，获得耐盐谷子种质。并以耐盐及盐敏感谷子材料进行盐应答转录组测序分析，对耐盐关键功能基因进行筛选。进一步获得了候选耐盐基因*SiRLK35*的谷子转基因材料，并对其功能进行了初步验证。得到以下结论。

第一，以来自不同地区的942份谷子核心种质资源进行水培条件下苗期盐胁迫处理，盐胁迫下耐盐品种处理组与对照组表型无明显差异，而盐处理后不耐盐品种表现为叶片变黄、萎蔫严重，筛选得到耐盐和盐敏感谷子种质92份。

第二，对初筛获得的不同耐盐性谷子品种进行过氧化染色组织化学分析，筛选耐受氧化胁迫的品种作为潜在耐盐品种，耐盐品种染色较浅或基本不着色，盐敏感品种染色较深，叶片多呈深褐色。进一步筛选获得包含秋毛羽等在内的较耐盐种质10份；包含白谷等品种在内的盐敏感材料11份。

第三，对筛选获得的部分品种进行盐胁迫下的叶片细胞透性的变化情况比较、丙二醛含量测定及POD、GST等抗氧化酶活的测定，发现耐盐品种在盐害下的电导率和MDA含量均比敏感品种低，GST和POD抗氧化酶活性均比敏感品种高，说明其耐盐性更强。测定结果与抗氧化染色筛选结果一致。

第四，以耐盐性差异明显的谷子种质进行转录组测序分析，鉴定到29 291个差异表达基因（DEG），有基因功能注释的28 547个，其中耐盐品种特异的盐胁迫响应基因1 067个，盐敏感品种特异的盐胁迫响应基因1 768个。发现经盐处理后，耐盐品种NY1相较盐敏感品种MG1和MG2中显著上调的基因主要富集在次生代谢物合成、蛋白质磷酸化、烟酰胺合成、氮化合物转运、泛素-蛋白酶体降解等途径中。

第五，在转录组鉴定的表达差异基因中，重点关注了一个前期实验室研

究涉及的基因 *SiRLK35*，通过构建谷子 *SiRLK35* 过表达载体 pCAMBIA1301P-*SiRLK35*，并导入农杆菌进行谷子的同源转化，获得谷子过表达植株；同时在 *SiRLK35* 基因组设计了2个敲除靶点，构建 *SiRLK35* 的敲除载体 pC1300-UBI：Cas9-*SiRLK35*，利用农杆菌转化谷子品种Ci846，获得谷子 *SiRLK35* 突变体植株。

第六，进一步对谷子 *SiRLK35* 同源转化获得的谷子过表达和突变体株系在盐害条件下进行部分生理指标测定，发现过表达株系的株高、根长、SOD酶及POD酶活性都大于突变体与野生型植株，突变体株系叶片中的MDA含量显著增加，这明确了 *SiRLK35* 及其高表达可以增强植物的耐盐性。

参考文献

[1] BRAHIMOVA U, KUMARI P, YADAV S, et al. Progress in understanding salt stress response in plants using biotechnological tools[J]. Journal of Biotechnology, 2021, 329（10）: 180-191.

[2] BEHERA L M, HEMBRAM P. Advances on plant salinity stress responses in the post-genomic era: a review[J]. Journal of Crop Science and Biotechnology, 2020, 24（2）: 1-10.

[3] FAO. 2024. Global status of salt-affected soils - Main report. Rome. https://doi.org/10.4060/cd3044en.

[4] 宋国英. NaCl胁迫下8个黑青稞品种的萌发特性与耐盐性评价[J]. 大麦与谷类科学, 2021, 38（6）: 1-6.

[5] 刘彤彤, 李宁, 魏良迪, 等. 山西省主推小麦品种芽期及苗期耐盐性的综合评价[J]. 中国农业大学学报, 2022, 27（2）: 22-33.

[6] 范王涛. 土壤盐碱化危害及改良方法研究[J]. 农业与技术, 2020, 40（23）: 114-116.

[7] 赵占周. 土壤盐碱化对植物的影响及改良预防措施[J]. 西北园艺（果树）, 2020（6）: 40-42.

[8] 李法虎. 劣质水灌溉对土壤盐碱化及作物产量的影响[J]. 农业工程学报, 2003, 19（1）: 63-66.

[9] LI J, ZHOU H, ZHANG Y, et al. The GSK3-like Kinase BIN2 Is a Molecular Switch between the Salt Stress Response and Growth Recovery in Arabidopsis thaliana[J]. Developmental Cell, 2020, 55: 367-380.

[10] VAN STRATEN G, DE VOS A C, ROZEMA J, et al. An improved methodology to evaluate crop salt tolerance from field trials[J]. Agricultural Water Management, 2019, 213: 375-387.

[11] KOTULA L, GARCIA CAPARROS P, ZRB C, et al. Improving crop

salt tolerance using transgenic approaches: an update and physiological analysis[J]. Plant, Cell & Environment, 2020, 43（12）: 2932-2956.

[12] ZHAO C, ZHANG H, SONG C, et al. Mechanisms of Plant Responses and Adaptation to Soil Salinity[J]. Innovation, 2020, 1（1）: 41.

[13] 廖婕, 任慧敏, 柳参奎, 等. 盐碱胁迫下植物生理和钙信号通路分子机制的研究进展[J]. 分子植物育种, 2021, 19（6）: 2041-2047.

[14] TRUPKIN S A, AUGE G A, ZHU J K, et al. SALT OVERLY SENSITIVE 2（SOS2）and Interacting Partners SOS3 and ABSCISIC ACID-INSENSITIVE 2（ABI2）Promote Red-Light-Dependent Germination and Seedling Deetiolation in Arabidopsis[J]. International Journal of Plant Sciences, 2017, 178（6）: 485-493.

[15] SHAH F A, NI J, TANG C, et al. Karrikinolide alleviates salt stress in wheat by regulating the redox and K^+/Na^+ homeostasis[J]. Plant Physiology and Biochemistry, 2021, 167: 921-933.

[16] WEN M D, LIN H, CHEN S, et al. Phosphorylation of SOS3-like calcium-binding proteins by their interacting SOS2-like protein kinases is a common regulatory mechanism in Arabidopsis[J]. Plant physiology, 2011, 156（4）: 2235-2243.

[17] ZHANG Y N, WANG Y S, ZHANG G, et al. Populus euphratica J3 mediates root K^+/Na^+ homeostasis by activating plasma membrane H^+-ATPase in transgenic Arabidopsis under NaCl salinity[J]. Plant Cell, Tissue and Organ Culture, 2017, 131（1）: 75-88.

[18] ZHAI Y, WEN Z, FANG W, et al. Functional analysis of rice OSCA genes overexpressed in the arabidopsis osca1 mutant due to drought and salt stresses[J]. Transgenic research, 2021, 30（6）: 1-10.

[19] ZHOU X, ZHENG Y, WANG L, et al. SYP72 interacts with the mechanosensitive channel MSL8 to protect pollen from hypoosmotic shock during hydration[J]. Nature Communications, 2022, 13（1）: 73-73.

[20] TSUJII M, KERA K, HAMAMOTO S, et al. Evidence for potassium transport activity of Arabidopsis KEA1-KEA6[J]. Scientific Reports, 2019, 9（1）: 1-13.

[21] KHAN M R. Genome-wide identification and expression analysis of SnRK2 gene family in mungbean (Vigna radiata) in response to drought stress[J]. Crop and Pasture Science, 2020, 71(5): 469-476.

[22] KAI L Y, DONG Z C, FANG Z L, et al. The Arabidopsis kinase-associated protein phosphatase KAPP, interacting with protein kinases SnRK2.2/2.3/2.6, negatively regulates abscisic acid signaling[J]. Plant Molecular Biology, 2020, 102(1-2): 199-212.

[23] THALMANN M, PAZMINO D, SEUNG D, et al. Regulation of Leaf Starch Degradation by Abscisic Acid Is Important for Osmotic Stress Tolerance in Plants[J]. The Plant Cell, 2016, 28(8): 1860-78.

[24] JULKOWSKA M. Rapid Changes: Abscisic Acid-Independent SnRK2s Target mRNA Decay[J]. Plant Physiology, 2020, 182(1): 449.

[25] ZUO SIQI, et al. Effects of low molecular weight polysaccharides from Ulva prolifera on the tolerance of Triticum aestivum to osmotic stress[J]. International Journal of Biological Macromolecules, 2021, 183: 12-22.

[26] ZENG J, WU C, WANG C, et al. Genomic analyses of heat stress transcription factors (HSFs) in simulated drought stress response and storage root deterioration after harvest in cassava[J]. Molecular Biology Reports, 2020, 47(8): 5997-6007.

[27] DANGOOR I PELED-ZEHAVI H, DANON W A. A chloroplast light-regulated oxidative sensor for moderate light intensity in Arabidopsis[J]. The Plant Cell, 2012, 24(5): 1894-1906.

[28] KUANG Y M, GUO X, GUO A Y, et al. Single-molecule enzymatic reaction dynamics and mechanisms of GPX3 and TRXh9 from Arabidopsis thaliana[J]. Spectrochimica Acta Part A: Molecular and Biomolecular Spectroscopy, 2020, 243(prepublish): 118778.

[29] LI J, LIU J T, WANG G Q, et al. A chaperone function of NO CATALASE ACTIVITY1 is required to maintain catalase activity and for multiple stress responses in Arabidopsis[J]. The Plant Cell, 2015, 27(3): 908-925.

[30] KUMAR R R, DUBEY K, ARORA K, et al. Characterizing the putative

mitogen-activated protein kinase（MAPK）and their protective role in oxidative stress tolerance and carbon assimilation in wheat under terminal heat stress[J]. Biotechnology Reports，2021，29（prepublish）：e00597.

[31] PARK H C，PARK B D，KIM H S，et al. AtMPK6-induced phosphorylation of AtERF72 enhances its DNA-binding activity and interaction with TGA4/OBF4 in Arabidopsis[J]. Plant Biology，2020，23（1）：11-20.

[32] ZHAO J L，ZHANG L Q，LIU N，et al. Mutual Regulation of Receptor-Like Kinase SIT1 and B'κ-PP2A Shapes the Early Response of Rice to Salt Stress.[J]. The Plant Cell，2019，31（9）：2131-2151.

[33] LI J. Cell signaling leads the way[J]. Journal of Integrative Plant Biology，2018，60（9）：743-744.

[34] YANG Y，GUO Y. Elucidating the molecular mechanisms mediating plant salt-stress responses[J]. The New phytologist，2018，217（2）：523-539.

[35] YANG Y，GUO Y. Unraveling salt stress signaling in plants[J]. Journal of Integrative Plant Biology，2018，60（9）：9.

[36] AKTER S，MANNAN M A，MAMUM M，et al. Physiological Basis of Salinity Tolerance in Foxtail Millet[J]. Bangladesh Agronomy Journal，2020，22（2）：11-24.

[37] 张笛，苗兴芬，王雨婷. 100份谷子品种资源萌发期耐盐性评价及耐盐品种筛选[J]. 作物杂志，2019（6）：43-49.

[38] 李建锐. 谷子SiASR4基因参与植物响应干旱和盐胁迫的功能研究[D]. 北京：中国农业大学，2018.

[39] CAO K，SUN Y，HAN C，et al. The transcriptome of saline-alkaline resistant industrial hemp（*Cannabis sativa* L.）exposed to $NaHCO_3$ stress[J]. Industrial Crops & Products，2021，170（2）：113766.

[40] PARK S G，NOH E，CHOI S R，et al. Draft Genome Assembly and Transcriptome Dataset for European Turnip（*Brassica rapa* L. ssp. *rapifera*），ECD4 Carrying Clubroot Resistance[J]. Frontiers in Genetics，2021，12：651298.

［41］ SIDHARTHAN V K, KALAIVANAN N S, BARANWAL V K. Identification of two putative novel RNA viruses in the transcriptome datasets of small cardamom[J]. Plant Gene, 2021: 100305.

［42］ DU Q G, YANG J, SYED S, et al. Comparative transcriptome analysis of different nitrogen responses in low-nitrogen sensitive and tolerant maize genotypes[J]. Journal of Integrative Agriculture, 2021, 20（8）: 2043-2055.

［43］ 田伯红，王建广，李雅静，等. 谷子发芽期和幼苗前期耐盐性鉴定指标的研究[J]. 河北农业科学, 2008（7）: 4-6.

［44］ SHEN S L, TANG Y S, ZHANG C, et al. Metabolite Profiling and Transcriptome Analysis Provide Insight into Seed Coat Color in Brassica juncea[J]. International Journal of Molecular Sciences, 2021, 22（13）: 7215.

［45］ 崔兴国，时丽冉. 衡水地区14份夏谷品种种子萌发期耐盐性研究[J]. 作物杂志, 2011（4）: 117-119.

［46］ LI C ZHAO W, QIN C, et al. Comparative transcriptome analysis reveals changes in gene expression in sea cucumber（Holothuria leucospilota）in response to acute temperature stress[J]. Comparative Biochemistry and Physiology Part D: Genomics and Proteomics, 2021, 40（prepublish）: 100883.

［47］ LI J, QIN L, LI C, et al. Comparative transcriptome analysis identifies a positive regulator of wheat rust susceptibility that modulates amino acid metabolism[J]. The Plant Cell, 2021, 33（5）: 1409-1410.

［48］ MICHELA O, ELIA L, ALESSANDRO P, et al. Corrigendum to: Transcriptome analysis reveals rice MADS13 as an important repressor of the carpel development pathway in ovules[J]. Journal of Experimental Botany, 2021, 72（15）: 5784.

［49］ SHAO Z M, LI Y J, ZHANG X R, et al. Identification and Functional Study of Chitin Metabolism and Detoxification-Related Genes in Glyphodes pyloalis Walker（Lepidoptera: Pyralidae）Based on Transcriptome Analysis[J]. International Journal of Molecular Sciences,

2020, 21（5）：1904.

［50］ JIA S J, LI H W, JIANG Y P, et al. Transcriptomic analysis of female panicles reveals gene expression responses to drought stress in maize（*Zea mays* L.）[J]. Agronomy, 2020, 10（2）：313.

［51］ Forestry；Studies from Liaoning University Add New Findings in the Area of Forestry（Transcriptome Sequencing and Gene Expression Profiling Ofpopulus Wutunensis, a Natural Hybrid, During Salinity Stress）[J]. Agriculture Week, 2020.

［52］ CHEN S A, HOU J L, YAO N, et al. Comparative transcriptome analysis of Triplophysa yarkandensis in response to salinity and alkalinity stress[J]. Comparative Biochemistry and Physiology Part D：Genomics and Proteomics, 2020, 33：100629.

［53］ CHAI L, WANG Z, CHAI P, et al. Transcriptome analysis of San Pedro-type fig（*Ficus carica* L.）parthenocarpic breba and non-parthenocarpic main crop reveals divergent phytohormone-related gene expression[J]. Tree Genetics & Genomes, 2017, 13（4）：83.

［54］ LIN X, YANG R, DOU L C L, et al. Transcriptome analysis reveals delaying of the ripening and cell-wall degradation of kiwifruit by hydrogen sulfide[J]. Journal of the Science of Food and Agriculture, 2020, 100（5）：2280-2287.

［55］ YUAN Y H, LIU C J, ZHAO G, et al. Transcriptome analysis reveals the mechanism associated with dynamic changes in fatty acid and phytosterol content in foxtail millet（Setaria italica）during seed development[J]. Food Research International, 2021, 145：110429.

［56］ LI F, HU Q, CHEN F, et al. Transcriptome analysis reveals Vernalization is independent of cold acclimation in Arabidopsis[J]. BMC Genomics, 2021, 22（1）：462.

［57］ BASHIR K, RASHEED S, MATSUI A, et al. Monitoring Transcriptomic Changes in Soil-Grown Roots and Shoots of Arabidopsis thaliana Subjected to a Progressive Drought Stress[J]. Methods in Molecular Biology, 2018：1761.

[58] LIU A L, XIAO Z X, LI M W, et al. Transcriptomic reprogramming in soybean seedlings under salt stress.[J]. Plant, cell & environment, 2019, 42（1）：e0189159.

[59] CHAICHI M, SANJARIAN F, RAZAVI K, et al. Analysis of transcriptional responses in root tissue of bread wheat landrace（*Triticum aestivum* L.）reveals drought avoidance mechanisms under water scarcity.[J]. PloS one, 2019, 14（3）：e0212671.

[60] DAS P, MAJUMDER A L. Transcriptome analysis of grapevine under salinity and identification of key genes responsible for salt tolerance[J]. Functional & Integrative Genomics, 2019, 19（1）：61-73.

[61] AVNI R, NAVE M, BARAD O, et al. Wild emmer genome architecture and diversity elucidate wheat evolution and domestication[J]. Science, 2017, 357（6346）：93-97.

[62] LIU Y H, FENG Z, ZHU W, et al. Genome-Wide Identification and Characterization of Cysteine-Rich Receptor-Like Protein Kinase Genes in Tomato and Their Expression Profile in Response to Heat Stress[J]. Diversity, 2021, 13（6）：258.

[63] CAO Y, MO W Z, LI Y L, et al. Deciphering the roles of leucine-rich repeat receptor-like protein kinases（LRR-RLKs）in response to Fusarium wilt in the Vernicia fordii（Tung tree）[J]. Phytochemistry, 2021, 185.

[64] CHEN X X, WANG T, REHMAN A U, et al. Arabidopsis U-box E3 ubiquitin ligase PUB11 negatively regulates drought tolerance by degrading the receptor-like protein kinases LRR1 and KIN7[J]. Journal of Integrative Plant Biology, 2021, 63（3）：16.

[65] JING W, LIU S, LI C, et al. PnLRR-RLK27, a novel leucine-rich repeats receptor-like protein kinase from the Antarctic moss Pohlia nutans, positively regulates salinity and oxidation-stress tolerance[J]. PLoS one, 2017, 12（2）：e0172869.

[66] HOU B Z, XU C, SHEN Y Y. A leu-rich repeat receptor-like protein kinase, FaRIPK1, interacts with the ABA receptor, FaABAR, to regulate fruit ripening in strawberry[J]. Journal of Experimental Botany,

2018, 69（7）：1569-1582.

［67］ HE X L, FENG T Y, ZHANG D Y, et al. Identification and comprehensive analysis of the characteristics and roles of leucine-rich repeat receptor-like protein kinase（LRR-RLK）genes in Sedum alfredii Hance responding to cadmium stress[J]. Ecotoxicology and Environmental Safety, 2019, 167：95-106.

［68］ RAO Y C, JIAO R, WANG S, et al. SPL36 Encodes a receptor-like protein kinase that regulates programmed cell death and defense responses in rice[J]. Rice, 2021, 14（1）：1-14.

［69］ ARELLANO-VILLAGÓMEZ F C GUEVARA-OLVERA L, VICTOR M, et al. Arabidopsis cysteine-rich receptor-like protein kinase；affects stomatal density and drought tolerance[J]. Plant Signaling & Behavior, 2021, 16（6）：1905335.

［70］ TAYLOR I, WANG Y, SEITZ K, et al. Analysis of phosphorylation of the receptor-like protein kinase haesa during arabidopsis floral abscission[J]. PLoS one, 2017, 11（1）：e0147203.

［71］ WEI Z Y, JIA L. Receptor-like protein kinases：Key regulators controlling root hair development in Arabidopsis thaliana[J]. Journal of Integrative Plant Biology, 2018, 60（9）：841-850.

［72］ ZAN Y J, JI Y, ZHANG Y, et al. Genome-wide identification, characterization and expression analysis of populus leucine-rich repeat receptor-like protein kinase genes[J]. BMC Genomics, 2013, 14（1）：318.

［73］ XING Y, CHEN W H, JIA W, et al. Corrigendum to：Mitogen-activated protein kinase kinase 5（MKK5）-mediated signaling cascade regulates expression of iron superoxide dismutase gene in Arabidopsis under salinity stress[J]. Journal of Experimental Botany, 2021, 72（13）：5094.

［74］ RAMÓN P F, MUOZ-PARRA E, BARRERA-DRTIZ S, et al. The cysteine-rich receptor-like protein kinase CRK28 modulates Arabidopsis growth and development and influences abscisic acid responses[J].

Planta, 2019, 251（1）：2.

［75］ LAW Y S, GUDIMELLA R, SONG B K, et al. Molecular Characterization and Comparative Sequence Analysis of Defense-Related Gene, Oryza rufipogon Receptor-Like Protein Kinase 1[J]. International Journal of Molecular Sciences, 2012, 13（7）：9343-9362.

［76］ OSAKABE Y, MIZUNO S, TANAKA, et al. Overproduction of the membrane-bound receptor-like protein kinase 1, RPK1, enhances abiotic stress tolerance in Arabidopsis[J]. The Journal of Biological Chemistry, 2010, 285（12）：9190.

［77］ SHANG Y, YANG D, HA Y, et al. Receptor-like protein kinases RPK1 and BAK1 sequentially form complexes with the cytoplasmic kinase OST1 to regulate ABA-induced stomatal closure[J]. Journal of Experimental Botany, 2020, 71（4）：1491-1502.

［78］ LU S W, FARIS J D, EDWARDS M C. Molecular cloning and characterization of two novel genes from hexaploid wheat that encode double PR-1 domains coupled with a receptor-like protein kinase.[J]. Molecular genetics and genomics：MGG, 2017, 292（2）：435-452.

［79］ GACHOMO E W, BAPTISTE L J, KEFELA T, et al. The Arabidopsis CURVY1（CVY1）gene encoding a novel receptor-like protein kinase regulates cell morphogenesis, flowering time and seed production[J]. BMC Plant Biology, 2014, 14（1）：221.

［80］ FENG P, SHI J, ZHANG T, et al. Zebra leaf 15, a receptor-like protein kinase involved in moderate low temperature signaling pathway in rice[J]. Rice, 2019, 12（1）：83.

［81］ XUN Q Q, WU Y Z, LI H, et al. Two receptor-like protein kinases, MUSTACHES and MUSTACHES-LIKE, regulate lateral root development in Arabidopsis thaliana[J]. The New phytologist, 2020, 227（4）：1157-1173.

［82］ CHEN X X, DING Y L, YANG Y Q, et al. Protein kinases in plant responses to drought, salt, and cold stress[J]. Journal of Integrative Plant Biology, 2021, 63（1）：53-78.

［83］ LIN X J, XU R X, CHEN X H, et al., Fine mapping of a dominantly inherited powdery mildew resistance major-effect QTL, Pm1.1, in cucumber identifies a 41.1 kb region containing two tandemly arrayed cysteine-rich receptor-like protein kinase genes[J]. Theoretische and Angewandte Genetik, 2016, 129（3）：507-516.

［84］ CHEN L J, WU R Y, HAN H D, et al. An S-domain receptor-like kinase, OsSIK2, confers abiotic stress tolerance and delays dark-induced leaf senescence in rice[J]. Plant Physiology, 2013, 163（4）：1752-1765.

［85］ SRIVASTAVA V K, VAID N, PANDEY P, et al. Pea lectin receptor-like kinase functions in salinity adaptation without yield penalty, by alleviating osmotic and ionic stresses and upregulating stress-responsive genes.[J]. Plant Molecular Biology, 2015, 88（1-2）.

［86］ ZHAO C Z, JIANG W, ZAYED O, et al. The LRXs-RALFs-FER module controls plant growth and salt stress responses by modulating multiple plant hormones[J]. National Science Review, 2021（1）：40-55.

［87］ MAO H, JIAN C, CHENG X X, et al. The wheat ABA receptor gene TaPYL1-1B contributes to drought tolerance and grain yield by increasing water-use efficiency.[J]. Plant biotechnology journal, 2022, 20：846-861.

［88］ SUN M Z, QIAN X, CHEN C, et al. Ectopic expression of gssrk in medicago sativa reveals its involvement in plant architecture and salt stress responses[J]. Frontiers in Plant Science, 2018, 9.

［89］ CUI Y, HU X, LIANG G, et al. Production of novel beneficial alleles of a rice yield-related QTL by CRISPR/Cas9[J]. Plant Biotechnology Journal, 2020, 18（10）：1987-1989.

［90］ DEMIRCI Y, ZHANG B, UNVER T. CRISPR/Cas9：An RNA-guided highly precise synthetic tool for plant genome editing[J]. Journal of Cellular Physiology, 2018, 233（3）：1844-1859.

［91］ LI C, UNVER T, ZHANG B H. A high-efficiency CRISPR/Cas9 system for targeted mutagenesis in Cotton（*Gossypium hirsutum* L.）[J]. Scientific Reports, 2017, 7（1）：43902.

[92] KHAN H MCDONALD M C, WILLIAMS S J, et al. Assessing the efficacy of CRISPR/Cas9 genome editing in the wheat pathogen Parastagonspora nodorum [J]. Fungal Biology and Biotechnology, 2020, 7(1): 4.

[93] EHRKE SCHULZ E, SCHIWON M, HAGEDORN C, et al. Establishment of the CRISPR/Cas9 system for targeted gene disruption and gene tagging[J]. Methods in Molecular Biology, 2017, 1654: 165-176.

[94] SRIVASTAVA V, UNDERWOOD J L, ZHAO S. Dual-targeting by CRISPR/Cas9 for precise excision of transgenes from rice genome[J]. Plant Cell, Tissue and Organ Culture, 2017, 129(1): 153-160.

[95] ZLOBIN N E, LEBEDEVA M V, TARANOV V V. CRISPR/Cas9 genome editing through in planta transformation.[J]. Critical Reviews in Biotechnology, 2020, 40(2): 1-16.

[96] LI C L, NGUYEN V, LIU J, et al. Mutagenesis of seed storage protein genes in Soybean using CRISPR/Cas9[J]. BMC Research Notes, 2019, 12(1): 1-7.

[97] WANG Y, GENG L, YUAN M, et al. Deletion of a target gene in Indica rice via CRISPR/Cas9[J]. Plant cell reports, 2017, 36(8): 1333-1343.

[98] JUNG Y J, KIM J H, LEE H J, et al. Generation and transcriptome profiling of Slr1-d7 and Slr1-d8 mutant lines with a new semi-dominant dwarf allele of SLR1 using the CRISPR/Cas9 system in rice[J]. International Journal of Molecular Sciences, 2020, 21(15): 5492.

[99] WANG S Y, YANG Y H, GUO M, et al. Targeted mutagenesis of amino acid transporter genes for rice quality improvement using the CRISPR/Cas9 system[J]. The Crop Journal, 2020, 8(3): 457-464.

[100] 王福军, 赵开军. 基因组编辑技术应用于作物遗传改良的进展与挑战[J]. 中国农业科学, 2018, 51(1): 1-16.

[101] LIU J T, LIANG D W, YAO L, et al. Rice haploid inducer development by genome editing[J]. Methods in Molecular Biology, 2021: 2238.

[102] CHEN Y Z, FU M C, LI H, et al. High oleic acid content, nontransgenic allotetraploid cotton (Gossypium hirsutum L.) generated

by knockout of GhFAD2 genes with CRISPR/Cas9 system[J]. Plant Biotechnology Journal, 2020, 19（3）: 424-426.

[103] TANG L, MAO B G, LI Y K, et al. Knockout of OsNramp5 using the CRISPR/Cas9 system produces low Cd-accumulating indica rice without compromising yield[J]. Scientific Reports, 2017, 7（1）: 1-12.

[104] ZHANG A N, LIU Y, WANG F M, et al. Enhanced rice salinity tolerance via CRISPR/Cas9-targeted mutagenesis of the OsRR22 gene. [J]. Molecular breeding: new strategies in plant improvement, 2019, 39（3）: 11032.

[105] KAKDE A M, PATEL K G. Varietal screening of rice against green leaf hopper, nephotettix virescens distal[J]. International Journal of Plant Protection, 2018, 11（1）: 46-50.

[106] 张笛, 苗兴芬, 王雨婷. 100份谷子品种资源萌发期耐盐性评价及耐盐品种筛选[J]. 作物杂志, 2019（6）: 43-49.

[107] 韩飞, 诸葛玉平, 娄燕宏, 等. 63份谷子种质的耐盐综合评价及耐盐品种筛选[J]. 植物遗传资源学报, 2018, 19（4）: 685-693.

[108] WANG R, PENG W, HU L, et al. Study on screening of canola varieties with high light use efficiency and evaluation of selecting indices[J]. OCL-Oilseeds and fats, Crops and Lipids, 2020, 27: 43.

[109] BHUIYAN M A, HAQUE A H M M, ISLAM M M, et al. Varietal Screening of Wheat against Blast Disease[J]. Asian Journal of Research in Crop Science, 2019: 1-12.

[110] 贾丹莉, 郭军玲, 王永亮, 等. 盐胁迫下不同玉米品种耐盐性筛选[J]. 山西农业科学, 2016, 44（8）: 1083-1086.

[111] 栾金华. 盐胁迫对粳稻农艺性状的影响及耐盐品种筛选[D]. 沈阳: 沈阳农业大学, 2020.

[112] LI NA, et al. Comparative Transcriptome Analysis of Two Contrasting Chinese Cabbage (*Brassica rapa* L.) Genotypes Reveals That Ion Homeostasis Is a Crucial Biological Pathway Involved in the Rapid Adaptive Response to Salt Stress[J]. Frontiers in Plant Science, 2021, 12: 683891.

[113] LI X, CHEN D, YANG Y, et al. Comparative transcriptomics analysis reveals differential Cd response processes in roots of two turnip landraces with different Cd accumulation capacities[J]. Ecotoxicology and Environmental Safety, 2021, 220: 112392.

[114] SUN L, YU D, WU Z, et al. Comparative transcriptome analysis and expression of genes reveal the biosynthesis and accumulation patterns of key flavonoids in different varieties of zanthoxylum bungeanum leaves[J]. Journal of Agricultural and Food Chemistry, 2019, 67(48): 13258-13268.

[115] ZHANG T. Comparative transcriptome analysis identifies a positive regulator of wheat rust susceptibility that modulates amino acid metabolism[J]. The Plant Cell, 2021, 33(5): 1409-1410.